U0337516

21世纪高等学校规划教材 | 计算机科学与技术

数据库及其应用（Access及Excel）学习与实验实训教程（第3版）

肖慎勇　主编
杨璠　熊平　副主编

清华大学出版社
北京

内容简介

本书是《数据库及其应用(Access 及 Excel)(第 3 版)》配套的学习与实验指导教程。全书分为 12 章，每章包括主教程对应章节的主要知识点归纳以及习题。各章知识点归纳精炼、完整，习题包括选择题、填空题、简答题和设计操作题等多种题型，涵盖了本章主要内容，并融汇了对于相关知识的整体理解和应用的要求。所有习题都有参考答案。

26 个实验统一编号，由浅入深，前后内容连贯，引导读者一步步掌握实际的数据库设计、操作与应用的能力。实验后的思考题实践性极强。

本书提供了清晰的知识归纳和完整的习题练习，以及步骤完整的实验，并有完整的参考答案，非常适合教学及自学，为主教程提供了相得益彰的学习和实验指导。

图书在版编目(CIP)数据

数据库及其应用(Access 及 Excel)学习与实验实训教程/肖慎勇主编.—3 版.—北京：清华大学出版社，2016(2020.5重印)

21 世纪高等学校规划教材·计算机科学与技术

ISBN 978-7-302-42957-9

Ⅰ.①数… Ⅱ.①肖… Ⅲ.①关系数据库系统－高等学校－教学参考资料 ②表处理软件－高等学校－教学参考资料 Ⅳ.①TP311.138 ②TP391.13

中国版本图书馆 CIP 数据核字(2016)第 024772 号

责任编辑：刘　星
封面设计：傅瑞学
责任校对：白　蕾
责任印制：沈　露

出版发行：清华大学出版社
　　　　　网　　　址：http://www.tup.com.cn，http://www.wqbook.com
　　　　　地　　　址：北京清华大学学研大厦 A 座　　　　　　邮　　编：100084
　　　　　社 总 机：010-62770175　　　　　　　　　　　　邮　　购：010-62786544
　　　　　投稿与读者服务：010-62776969，c-service@tup.tsinghua.edu.cn
　　　　　质量反馈：010-62772015，zhiliang@tup.tsinghua.edu.cn
　　　　　课件下载：http://www.tup.com.cn,010-62795954

印 装 者：北京富博印刷有限公司
经　　销：全国新华书店
开　　本：185mm×260mm　　印　张：14.5　　　　　　　字　　数：347 千字
版　　次：2009 年 4 月第 1 版　2016 年 2 月第 3 版　　印　　次：2020 年 5 月第 5 次印刷
印　　数：18801～19300
定　　价：26.00元

产品编号：068183-01

前 言

　　本书以《数据库及其应用(Access 及 Excel)(第 3 版)》为基础,是"数据库及其应用"的学习和实验指导教程。本书按照主教程的章节划分,为各章归纳了完整和精炼的知识点,并汇集了大量习题,循序渐进,覆盖了数据库理论、数据库管理系统和 Access 2010 数据库操作与应用的广泛领域。各章精心设计的多个实验,采用微软新一代 Office 2010 套件中的 Access 2010 和 Excel 2010 为工具,主要实验内容前后连贯,由浅入深,引导读者一步步掌握实际的数据库设计、操作与应用的能力。

　　本书由肖慎勇任主编,杨璠、熊平任副主编。参加编写的还有王少波、蔡燕、张爱菊、骆正华、万少华,以及赵姗姗、莫会丹、祁慧娟、唐丽君、邹艳梅等。

　　本书采用"项目管理"数据库作为主要案例,主要实验都围绕该案例展开,使得主要知识点都能够得到连贯的呈现。特别是对于数据库的设计、创建、SQL 查询、数据共享、安全保护、Excel 应用,成为本书的特色和亮点。

　　本书对于读者的基础要求不高,叙述通俗直观,非常适合用于各类学生,尤其是供非计算机专业学生自学,也可以作为读者学习关系数据理论和使用 Access 及 Excel 的参考书。

　　本书在编写过程中,得到了中南财经政法大学信息与安全工程学院领导和全院老师们的大力支持。"数据库及其应用"课程的教学已经开展了多年,积累了很多宝贵的经验,这些经验在教材中得到了体现。清华大学出版社为本书的顺利出版付出了极大努力。在此致以深切的感谢。

　　尽管本书编者尽了很大努力,但限于编者的水平,书中难免有许多不足,敬请读者不吝赐教,以便进一步完善。

编　者

2015 年 11 月

目　录

第一部分　知识点归纳和习题

第二部分　上机实验指导

第一部分

知识点归纳和习题

第1章

数据处理与数据库系统概述

本章从计算机数据处理及数据库技术的角度，对信息与数据、数据库技术、数据模型、关系模型、DBMS，以及数据库系统的工作模式和应用类别进行了概述。

1.1 主要知识点

1.1.1 计算机数据处理

1. 信息及其表达

信息是对现实世界中事物的描述，是关于事物以及事物间联系的知识。其包括三个层面信息：事物静态属性、动态属性及事物之间的联系信息。

计算机信息表达方法主要包括数字、文字和语言、公式、图形和曲线、表格、多媒体（包含图像、声音、视频等）、超链接等。

信息具有可共享性、易存储性、可压缩性、易传播性等特性。

2. 数据与数据处理

数据是表达信息的符号。数据是信息的载体，信息是数据的内涵。

数据在计算机中都转换成二进制符号"0"和"1"的各种编码进行保存和处理。

数据处理是对数据进行收集、整理、组织、存储、维护、加工、查询、传输的过程。

3. 数据处理系统

为实现特定的数据处理目标所需要的所有各种资源的总和称为数据处理系统。

4. 数据库技术与数据库系统

计算机数据管理经历了三个阶段：手工管理阶段、文件系统阶段、数据库系统阶段。

20 世纪 60 年代中期以后，产生了数据库技术，出现了统一管理数据的软件。

数据库是长期存储的相关联、可共享的数据的集合。

数据库系统是运用数据库技术的数据处理系统，由计算机软硬件、数据库、数据库管理系统（Data Base Management System，DBMS）、应用程序以及数据库管理员（Data Base

Administrator,DBA)和数据库用户构成。

DBMS 是专门处理数据库的软件,是数据库系统的核心。

满足企业或组织的应用需求开发和建立的数据库系统称为数据库应用系统(DB Application System,DBAS)。针对企业管理工作开发的信息处理系统称为管理信息系统(Management Information System,MIS)。

1.1.2　数据库与数据模型

1．Access 数据库系统概述

Access 是微软公司推出的桌面应用数据库系统软件,是 Microsoft Office 套装软件中的一员。

Access 共有 6 种对象,分别是表、查询、窗体、报表、宏和模块。

表对象是 Access 中最重要的对象,用来组织各种数据并进行存储和管理。每个表由行列组成,行称为记录,列称为字段。

原则上,表中不允许有重复行。表的主键作为每行数据的标识。在一个表中用于引用的其他表的主键字段称为外键。Access 数据库中的表之间大都存在引用或被引用的情况,称为"关系"。被引用的表称为父表或主表,引用其他表的表称为子表。

2．数据模型

Access 数据库基于关系数据模型理论。

数据模型(Data Model)是对客观世界事物以及事物之间联系的形式化描述。每一种数据模型都提供了一套完整的概念、符号、格式和方法作为建立该数据模型的工具。

数据模型分为三代。第一代包括层次模型和网状模型;第二代为关系模型,是目前最为重要的数据模型;第三代数据模型基于面向对象的思想来构建。

1.1.3　关系数据模型基本理论

1．关系数据模型三要素

要完整描述关系数据模型,需要用到三个要素,即数据结构、数据操作和数据约束。

2．关系

关系是由行和列组成的二维表,列称为属性(Attribute),行称为元组(Tuple)。

每个属性都有一个属性名,属性的取值集合称为域。

关系是元组的集合。一个关系中元组的个数称为该关系的基数。

在一个关系中,可以唯一确定每个元组的属性或属性组称为候选键(Candidate Key),从候选键中指定一个作为主键(Primary Key)。原则上每个关系都有主键。

一个关系中存放的另一个关系的主键称为外键(Foreign Key)。

3．关系的特点

- 关系中的每一列属性都是原子属性,即属性不可再分。

- 关系中的每一列属性都是同质的,即每个元组的该属性取值都来自同一个域。
- 关系中的属性没有先后顺序。
- 关系中元组没有先后顺序。
- 关系中不应有相同元组(在 DBMS 中,若表不指定主键,则允许有相同行数据)。

4. 关系模式

关系的属性结构称为关系的框架,也称为关系模式(Relation Schema)。
关系模式可以表示为: $R(A_1, A_2, \cdots, A_n)$

5. 关系模型与关系数据库

一个数据库有多个关系,将所有关系模式描述出来,就建立了该数据库的关系模型。关系模型与数据无关。通过关系 DBMS,可建立关系数据库。

6. 关系数据库的数据完整性约束

数据的完整性指数据的正确性和一致性。关系数据库中有 4 种完整性规则。
(1) 实体完整性规则
实体完整性规则:定义了主键的关系中不允许任何元组的主键属性值为空值。
(2) 参照完整性规则
参照完整性规则:子关系中外键属性的取值只能符合两种情形之一:在父关系的被引用属性(主键或候选键)中存在对应的值;或者取空值(Null)。
(3) 域完整性规则
域完整性规则:对关系中单个属性取值范围定义的约束。
(4) 用户定义的完整性规则
用户定义的完整性规则:用户根据实际需要对数据库中的数据或者数据间的相互关系定义约束条件,所有这些约束构成了用户定义的完整性约束。

1.1.4 数据库系统工作模式

1. 主机/终端模式

采用宿主机与多个终端联网的形式,由分时操作系统管理主机共享的集成数据。

2. 文件服务器模式

在网络中,数据以文件形式保存在服务器上,并将整个文件传送给需要的用户。

3. 客户机/服务器(Client/Server,C/S)模式

C/S 模式分为客户机部分和服务器部分。服务器端存储有数据库。客户机根据用户要求向服务器提出数据请求,服务器处理请求,将结果反馈给客户机。

4. 浏览器/服务器(Browser/Server,B/S)模式

B/S 模式是基于 Web 技术的网络信息系统模式,是三层 C/S 结构的一种特殊形式,客

户端是浏览器,可以实现客户端零代码编程,是一种瘦客户机模式。

1.1.5 数据库系统应用类别：OLTP 与 OLAP

数据库目前主要用于"联机事务处理"(On-Line Transaction Processing,OLTP)和"联机分析处理"(On-Line Analytical Processing,OLAP)。

1.2 习题

1.2.1 单项选择题

1. 以下列出的各项中,不是信息的特征的表述是(　　)。
   A) 可共享性　　　　　　　　　　B) 可复制性
   C) 可存储性　　　　　　　　　　D) 必须由计算机处理

2. 数据库系统与文件系统的主要区别是(　　)。
   A) 数据库系统复杂,而文件系统简单
   B) 文件系统管理的数据量小,数据库系统可以管理庞大的数据量
   C) 文件系统不能解决数据冗余和数据独立性的问题,而数据库系统可以解决
   D) 文件系统只能管理程序文件,而数据库系统可以管理多种类型的文件

3. 下列各项中,属于数据库系统最重要的特点的是(　　)。
   A) 存储容量大　　B) 处理速度快　　C) 数据共享　　　　D) 处理方便

4. 在计算机中,简写 DBMS 指(　　)。
   A) 数据库　　　　　　　　　　　B) 数据库系统
   C) 数据库管理员　　　　　　　　D) 数据库管理系统

5. 数据库 DB、数据库系统 DBS、数据库管理系统 DBMS 三者之间的关系是(　　)。
   A) DBS 包含 DB 和 DBMS
   B) DB 包含 DBS 和 DBMS
   C) DBMS 包含 DB 和 DBS
   D) DBS 与 DB、DBMS 指的是相同的东西

6. 数据库是在计算机中按照一定的数据模型组织、存储和应用的(　　)。
   A) 文件的集合　　B) 数据的集合　　C) 命令的集合　　D) 程序的集合

7. 使用 Access 开发学校教学管理系统属于计算机的(　　)。
   A) 科学计算应用　　　　　　　　B) 数据处理应用
   C) 过程控制应用　　　　　　　　D) 计算机辅助教学应用

8. 以下不是数据库所依据的数据模型的是(　　)。
   A) 实体联系模型　　B) 网状模型　　　C) 关系模型　　　D) 层次模型

9. 按照 DBMS 采用的数据模型,Access 的数据库属于(　　)。
   A) 层次型数据库　　B) 网状型数据库　　C) 关系型数据库　　D) 混合型数据库

10. 完整描述数据模型有三个要素,以下不属于这三个要素的是(　　)。

A）数据结构　　　　B）数据分类　　　　C）数据操作　　　　D）数据约束

11. 关系模型中,如果一个关系中的一个属性或属性组能够唯一标识一条元组,那么称该属性或属性组是（　　　）。

A）外键　　　　　　B）主键　　　　　　C）候选键　　　　　　D）联系

12. 在关系数据库中,不属于数据库完整性规定的是（　　　）。

A）实体完整性　　　　　　　　　　B）参照完整性

C）逻辑完整性　　　　　　　　　　D）用户定义的完整性

13. 在关系模型中,以下说法正确的是（　　　）。

A）一个关系中可以有多个主键　　　　B）一个关系中可以有多个候选键

C）主键属性中可以取空值　　　　　　D）有一些关系中没有候选键

14. 在关系模型中,以下不属于关系特点的是（　　　）。

A）关系的属性不可再分

B）关系的每个属性都必须从不同的域取值

C）关系的每个属性名不允许重复

D）关系的元组不能有重复

15. 在关系中,下列说法正确的是（　　　）。

A）列的顺序很重要　　　　　　　　B）当指定候选键时列的顺序很重要

C）主键必须位于关系的第1列　　　　D）元组的顺序无关紧要

16. 某企业推销员档案关系中包括编号、身份证号、姓名、性别、生日、手机号码、联系地址等属性,那么下列可以作为关系候选键的属性是（　　　）。

A）身份证号　　　　B）姓名　　　　C）手机号码　　　　D）联系地址

17. 基于 Web 的数据库应用模式"浏览器/服务器"模式指的是（　　　）。

A）C/S　　　　　　B）B/S　　　　　　C）OLAP　　　　　　D）OLTP

18. 以下特点中,不属于数据仓库特点的是（　　　）。

A）面向主题　　　　　　　　　　　B）处理事务性数据

C）不可更新　　　　　　　　　　　D）集成多种数据源中的数据

1.2.2　填空题

1. 关于描述事物的信息的类别包括_____、_____和_____等信息。

2. 信息具有_____、_____、_____和_____等特性。

3. 信息和数据关系密切,信息是数据的_____,数据是信息的_____。

4. 计算机数据管理技术经历了_____、_____和_____等阶段。

5. 第1代数据模型是_____和_____,第2代数据模型是_____。

6. 关系数据模型的三要素指_____、_____和_____。

7. 关系中,一行称为一个_____,一列称为一个_____。

8. 关系数据库中的数据完整性规则包括_____、_____、_____和_____。

9. 关系中能够唯一确定每一个元组的属性或属性组合叫_____。一个关系中有属性是另一个关系的主键,并且这个属性作为两个关系联系的纽带,则在该关系中,这个属性叫_____。

10. 缩写 C/S 的含义是_____,B/S 的含义是_____。

11. 缩写 OLTP 的含义是_____,OLAP 的含义是_____。

12. Access 2010 数据库中,数据库文件的扩展名是_____。

13. 在 Access 数据库中,用来组织存储数据的对象是_____。用来检索和处理数据的对象是_____。能够组织数据打印输出的对象是_____。

1.2.3　简答题

1. 什么是信息？信息有哪些重要属性？信息有哪些表达方式？

2. 如何理解数据？数据与信息有什么关系？

3. 简述数据处理和数据管理的概念及相互关系。

4. 什么叫数据库？什么是数据库系统？数据库系统包括哪些组成部分？

5. 简述数据库技术的特点。

6. 什么是数据模型？数据库技术发展过程中,有重要影响的三种数据模型是什么？

7. 要完整描述一个数据模型,包括哪三个要素？

8. 什么是关系模型？什么是关系模式？关系模式和关系有什么联系？

9. 简述关系模型中关系、元组、属性、候选键、主键和外键的概念。

10. 关系有哪些特点？

11. 什么是数据完整性？关系数据库中有哪些数据完整性规则？

12. 什么是实体完整性规则？有什么作用？

13. 什么是参照完整性规则？主要作用是什么？

1.2.4　综合应用题

以下是教学管理数据库的数据库模式。

- 学院(学院编号,学院名称,院长,办公电话)；
- 专业(专业编号,专业名称,专业类别,学院编号)；
- 学生(学号,姓名,性别,生日,民族,籍贯,简历,专业编号,登记照)；
- 课程(课程编号,课程名称,课程类别,学分,学院编号)；
- 成绩(学号,课程编号,成绩)。

试指出各表中可作为主键的字段,以及外键字段及其所参照的表和字段。

数据库设计方法与示例

本章进一步介绍数据库基本理论,包括关系代数和规范化理论,以及介绍数据库设计的方法和示例。

2.1 主要知识点

2.1.1 关系代数

关系是元组的集合,传统集合运算适用于关系。关系运算的对象和结果都是关系。

组成关系代数的运算包括关系的并、交、差、笛卡儿积运算,以及关系的选择、投影、联接和除运算。其中,投影、选择和联接是关系操作的核心运算。

1. 关系的并、交、差

关系 R 和 S 具有相同的关系模式,它们进行下述运算:

(1) 并运算,记为 $R \cup S$,结果关系由出现在 R 或 S 中所有不重复元组组成。

(2) 交运算,记为 $R \cap S$,结果关系由同时出现在 R 和 S 中的相同元组组成。

(3) 差运算,记为 $R - S$,结果关系由只出现在 R 而未出现在 S 中的元组组成。

交运算可以由差运算来实现,即 $R \cap S = R - (R - S)$。

2. 关系笛卡儿积

$R(A_1, A_2, \cdots, A_n)$,$S(X_1, X_2, \cdots, X_m)$,关系笛卡儿积运算记为 $R \times S$,结果关系的模式是 $(A_1, A_2, \cdots, A_n, X_1, X_2, \cdots, X_m)$,结果关系的元组由 R 的所有元组与 S 的所有元组两两相互拼接而成。若 R 基数为 M_R,S 基数为 M_S,则 $R \times S$ 基数为 $M_R \times M_S$。

3. 选择

选择运算是从一个关系中选取满足条件的元组,结果和原关系具有相同关系模式。
表示方法:$\sigma_{条件表达式}$(关系名)

4. 投影

投影运算是在给定关系中指定若干属性(列)组成一个新关系。

表示方法：$\pi_{(属性表)}$（关系名）

5. 联接及自然联接

联接（Join）运算根据给定联接条件将两个关系拼接为一个关系。

表示方法：关系 1 $\underset{条件}{\bowtie}$ 关系 2

在联接条件中使用"＝"运算的联接称为等值联接。

自然联接（Natural Join）是最重要的联接运算。自然联接有以下两个特点：

（1）自然联接是将两个关系中相同的属性进行相等比较。

（2）结果关系中去掉重复的属性。

自然联接运算无须写出联接条件，其表示方法是：关系 1 $\bowtie$ 关系 2。

2.1.2　关系规范化

1. 关系的存储特性与操作特性

判断数据库设计的好坏，要从其存储特性和操作特性着手。设计不好的一般存在以下问题：

（1）数据冗余度大。相同数据在同一个数据库中反复出现。

（2）数据修改异常。不同位置的同一个数据都必须修改，否则容易造成不一致。

（3）数据插入异常。出现应该存入的数据而不能存入的情况。

（4）数据删除异常。删除无用的数据导致有意义的数据被删除。

2. 函数依赖

函数依赖（Function Dependency）是反映关系内属性间的相互关系的概念。

函数依赖定义：设 X、Y 是关系 R 的属性或属性集，若对于 X 的每一个取值，都有唯一一个确定的 Y 值与之对应，则称 X 函数决定 Y，或称 Y 函数依赖于 X。记为：$X{\rightarrow}Y$。

函数依赖可分为平凡的函数依赖和非平凡的函数依赖。

一般将非平凡函数依赖分为部分函数依赖、完全函数依赖和传递函数依赖。

3. 候选键

定义：设有关系 $R(U)$，属性集 U，X 为 U 的子集。若 $X{\rightarrow}U$ 成立，但对于 X 的任意真子集 X'，$X'{\rightarrow}U$ 都不成立，则称 X 是 R 的候选键。

一个关系中所有候选键的属性称为该关系的主属性，其余属性为非主属性。

4. 关系范式的含义

（1）1NF。如果一个关系 R 的所有属性都是不可分的原子属性，则 $R{\in}1NF$。

（2）2NF。若关系 $R{\in}1NF$，并且在 R 中不存在非主属性对候选键的部分函数依赖，即它的每一个非主属性都完全函数依赖于候选键，则 $R{\in}2NF$。

（3）3NF：若关系 $R{\in}1NF$，并且在 R 中不存在非主属性对候选键的传递函数依赖，则 $R{\in}3NF$。

低范式关系升格为高范式关系的方法是对关系进行投影分解，使一个关系变成多个内容单一的关系，而实体间的联系通过外键或联系关系来实现。

2.1.3　信息系统开发方法概述

开发信息系统是为了满足用户需求。用户需求一般可分为功能需求和信息需求。

信息需求指用户需要信息系统处理和提供的信息的总和。

功能需求指用户要求系统完成的对数据以及业务的处理功能。

目前主要的系统开发方法有结构化设计方法、原型法、面向对象开发方法。

1. 结构化设计方法

结构化设计方法也称为"生命周期法"。系统开发过程包括系统规划与调查、系统分析、系统设计、系统实现与调试、系统运行评测和维护等几个大的阶段。

结构化设计要求每个阶段都有完整、规范的文档作为本阶段的设计结果，并作为下一阶段的起点。

2. 原型设计法

在开发时首先构造一个原型系统，然后逐步求精，不断扩展完善得到最终的系统。

原型法是开发者和用户一起对开发系统共同进行探索的过程。原型法有如下特点：

(1) 允许试探和重复，是一个不断迭代、逐渐逼近、积累知识的过程。

(2) 不需要预先完整、准确定义系统需求。

(3) 迭代的过程是对开发对象认识的不断深入、需求不断清晰的过程，也是系统功能不断实现和完善的过程，呈现了分析和设计过程的统一。

3. 面向对象设计法

面向对象方法的核心是对象。对象用于模拟客观世界中的实体。对象的概念包括对象、对象类以及类的继承等，被称为面向对象方法的三大要素。

2.1.4　数据库设计方法

数据库设计是信息系统中开发设计数据库的过程。

1. 数据库设计的定义

对于给定的应用环境，设计构造最优的数据库结构，建立数据库及其应用系统，使之能有效地存储数据，对数据进行操作和管理，以满足用户各种需求的过程。

2. 数据库设计步骤

根据结构化设计方法的思想，数据库设计步骤包括需求调查分析、概念设计、逻辑设计、物理设计、实施与测试、运行维护等。

概念模型是一种面向用户的数据模型。目前常用的有实体联系模型。

用三个世界来描述数据库设计过程。用户位于现实世界；概念模型以概念和符号为表达方式，所在的层次为信息世界；关系模型位于数据世界。

2.1.5　实体联系模型及转化

1. 实体、属性与域

实体(Entity)指现实世界中任何可相互区别的事物。

属性(Attribute)指实体某一方面的特性。每个属性都有一个名称，称为属性名。

属性的取值范围称为域(Domain)。域是值的集合。

2. 实体型、实体集与实体码

同类实体的属性构成，用实体名及其属性名集合来描述同类实体，称为实体型。

每个实体的具体取值就是实体值。同型实体的集合称为实体集。

用来唯一确定或区分实体集中每一个实体的属性或属性组合称为实体码。

3. 实体集之间的联系

实体间的联系方式可以分为一对一联系、一对多联系、多对多联系。

当一个联系发生时，可能会产生一些新的属性，这些属性属于联系而不是某个实体。

发生在两个实体集之间的联系称为二元联系；发生在一个实体集内部的联系称为一元联系或递归联系；同时在三个或更多实体集之间发生的联系称为多元联系。

4. E-R 图

用实体联系(E-R)图来表示实体联系模型。矩形框中写上实体名表示实体型。椭圆框中写上属性名，在实体或联系和它的属性间连上连线。作为实体码的属性下画一条下划线。菱形框中写上联系名，用连线将相关实体连起来，并标上联系类别。

5. 设计 E-R 模型的进一步探讨

设计 E-R 模型的关键是识别初始实体和联系。在现实世界中独立存在的对象就是实体，一般用名词命名；而反映企业业务、用户行为的对象，大多涉及不同的实体，一般用动词命名，这个就是联系。

实体或联系的属性根据其取值的特点按如下类型划分：

(1) 简单属性和复合属性。

(2) 单值属性和多值属性。

(3) 允许和不允许取空值属性。

(4) 基本属性和派生属性。

在最终的 E-R 图中，必须消去多值和复合属性。一般情况下，单值复合属性可按子属性分解为简单属性；多值简单属性可将多值转化为多个单值简单属性(适合值较少的情况)，或者将该多值属性转化为实体对待；多值复合属性则需要转化为实体来处理。

6．E-R模型向关系模型转化

（1）每个实体型都转化为一个关系模式。

（2）实体间的每一种联系都转化为一个关系模式。

（3）对以上转化后得到的关系模式结构按照联系的不同类别进行优化。

联系有三种类型，转化为关系模式后，与其他关系模式可进行合并优化。

$1:1$的联系，可以将它与联系中的任何一方实体转化成的关系模式合并。

$1:n$的联系，可将其与联系中的n方实体转化成的关系模式合并。

$m:n$的联系必须单独成为一个关系模式，不能与任何一方实体合并。

2.1.6　数据库体系结构

1．数据库三层体系结构

各种数据库大都遵循三级模式结构，分别是模式、内模式、外模式。

（1）模式。又称概念模式，是对数据库的整体逻辑描述，称为全局视图。

（2）内模式。又称存储模式，是数据库真正在存储设备上存放结构的描述。

（3）外模式。又称子模式，是某个应用程序中使用的数据集合的描述，一般是模式的一个子集。外模式面向应用程序，是用户眼中的数据库，也称为用户视图。

模式是内模式的逻辑表示；内模式是模式的物理实现；外模式是模式的部分抽取。

三级模式中，只有内模式才真正描述数据存储，模式和外模式仅是数据的逻辑表示。用户使用的数据是通过"外模式/模式"映射和"模式/内模式"映射来完成的。

2．数据库管理系统概述

DBMS是数据库系统的关键部分，是用户与数据库的接口，用户程序及任何对数据库的操作都通过DBMS来进行。一般地，DBMS具有以下主要功能：

数据库定义功能；数据库操纵功能（4种基本操作是查询、插入、修改和删除）；支持程序设计语言；数据库运行控制功能；数据库维护功能。

常用DBMS：Oracle、Microsoft SQL Server、My SQL等。

2.2　习题

2.2.1　单项选择题

1．关系模型中，关系代数的核心运算指（　　）。

  A）插入、删除、修改　　　　　　　　B）编辑、浏览、替换

  C）排序、索引、查询　　　　　　　　D）选择、投影、联接

2．在关系代数中，传统的集合运算包括（　　）。

  A）增加、删除、修改　　　　　　　　B）并、交、差运算

  C）联接、自然联接和笛卡儿积　　　D）投影、选择和联接运算

3. 关系 R 和 S 的并运算是（　　）。

　　A）由 R 和 S 的所有元组合并，并删除掉重复的元组组成的关系

　　B）由属于 R 而不属于 S 的所有元组组成的关系

　　C）由既属于 R 又属于 S 的所有元组组成的关系

　　D）由属于 R 和属于 S 的所有元组拼接组成的关系

4. 专门的关系运算不包括的运算是（　　）。

　　A）联接运算　　　　　B）投影运算　　　　　C）选择运算　　　　　D）并运算

5. 专门的关系运算中，投影运算是（　　）。

　　A）在指定关系中选择满足条件的元组组成一个新的关系

　　B）在指定关系中选择指定属性列组成一个新的关系

　　C）在指定关系中选择满足条件的元组和属性列组成一个新的关系

　　D）上述说法都不正确

6. 给定表：商品（编号，名称，型号，单价），销售（日期，编号，数量，金额）。现在将两个表合并为：销售报表（编号，名称，单价，数量，金额），可用（　　）。

　　A）先做笛卡儿积，再做投影　　　　　　B）先做笛卡儿积，再做选择

　　C）先做自然联接，再做选择　　　　　　D）先做自然联接，再做投影

7. 按照关系规范化理论，关系必须满足的要求是关系的每个属性都是（　　）。

　　A）互不依赖的　　　　B）长度不变的　　　　C）互相关联的　　　　D）不可分解的

8. 如果一个关系的候选键是单属性，那么这个关系可能最低范式至少属于（　　）。

　　A）1NF 的关系　　　　　　　　　　　　B）2NF 的关系

　　C）3NF 的关系　　　　　　　　　　　　D）不能确定

9. 以下方法中，不是目前主要的信息系统开发方法的是（　　）。

　　A）结构化设计方法　　　　　　　　　　B）原型设计方法

　　C）自底向上方法　　　　　　　　　　　D）面向对象设计方法

10. 开发学校图书销售管理系统，设计系统关系模型属于数据库设计中的（　　）阶段。

　　A）需求分析　　　　　B）逻辑设计　　　　　C）物理设计　　　　　D）概念设计

11. 开发学校教学管理系统，设计系统 E-R 模型属于数据库设计中的（　　）阶段。

　　A）需求分析　　　　　B）逻辑设计　　　　　C）物理设计　　　　　D）概念设计

12. 在有关数据管理的概念中，数据模型是指（　　）。

　　A）文件的集合　　　　　　　　　　　　B）记录的集合

　　C）对象及其联系的集合　　　　　　　　D）关系数据库管理系统

13. 对于现实世界中事物的特征，在描述现实世界的概念数据模型中使用（　　）。

　　A）属性描述　　　　　B）实体描述　　　　　C）表格描述　　　　　D）关键字描述

14. 信息世界的主要对象称为（　　）。

　　A）关系　　　　　　　B）实体　　　　　　　C）属性　　　　　　　D）记录

15. 下列实体之间的联系中，属于多对多联系的是（　　）。

　　A）学生与课程　　　　　　　　　　　　B）学校与教师

　　C）班级与班主任　　　　　　　　　　　D）图书的条形码与图书

16. 每个学生只属于一个班，每个班只有一个班长，则班级和班长之间的联系是（　　）。

  A）1∶1   B）1∶n C）m∶n D）不确定

17. 一个公司有多个部门和多名员工，每个员工只能在一个部门就职，部门和员工的联系类型是（ ）。

  A）1∶1   B）1∶n C）m∶n D）不确定

18. 在概念模型中，一个实体集对应于关系模型中的一个（ ）。

  A）元组   B）字段   C）属性   D）关系

19. 把 E-R 模型转换为关系模型时，实体之间多对多联系在关系模型中通过（ ）。

  A）建立新的属性实现   B）建立新的关键字实现

  C）建立新的关系实现   D）建立新的实体实现

20. 在数据库理论中，数据库体系呈三级模式结构，以下不属于这三级模式的是（ ）。

  A）关系模式   B）外模式   C）内模式   D）模式

21. 以下各项中，不属于 DBMS 基本功能的是（ ）。

  A）定义数据库结构   B）查询数据库数据

  C）维护数据库完整性   D）编写数据的输出报表程序

22. 以下软件产品中，不属于关系数据库管理系统的是（ ）。

  A）Access   B）Excel   C）Oracle   D）SQL Server

2.2.2 填空题

1. 在关系代数中，关系运算的核心运算是_____、_____和_____。

2. 关系属性间的非平凡函数依赖可分为_____、_____和_____等几类。

3. 若关系的属性间不存在任何非平凡依赖，则这样的关系至少属于_____范式。

4. 目前主要的系统开发方法有_____、_____和_____。

5. 在需求分析中，用户需求主要由_____和_____构成。

6. 数据库设计一般包括_____、_____、_____、_____和_____等步骤。

7. 数据模型不仅要表示事物本身的数据，而且还包括表示_____的数据。

8. 在 E-R 模型中，所有实体的全体称为_____，描述实体属性结构的概念是_____。

9. 在 E-R 模型中，实体和实体间的联系方式有_____、_____和_____。

10. 在 E-R 模型中，实体、属性、联系分别用_____、_____和_____等图形符号表示。

11. 数据库体系结构用三级模式来描述，这三级模式分别是_____、_____和_____。

12. DBMS 提供数据操纵语言（DML）实现对数据库的操作，DML 的基本操作包括_____、_____、_____和_____。

2.2.3 简答题

1. 关系代数包括哪几种运算？其核心运算是什么？

2. 简述关系的一般联接、自然联接运算的异同点。

3. 什么是关系的函数依赖？简述函数依赖的类别。

4. 什么是关系的候选键？什么是主属性？什么是非主属性？

5. 什么是关系范式？1NF、2NF、3NF 分别对关系有何要求？

6. 关系规范化的作用是什么？提高关系的范式层级的基本方法是什么？

7. 仅达到 1NF 或 2NF 的关系存在哪些问题？

8. 给定关系 $R(U)$，关系中没有 U 的任何一个子集 X 能使 $X{\rightarrow}U$ 成立，该关系的键是什么？它至少属于第几范式？

9. 什么是数据库设计？数据库设计的主要步骤有哪些？

10. 什么是概念模型？概念模型的作用是什么？

11. 简述 E-R 模型中实体、属性的概念，实体型、实体集的概念。

12. 简述 E-R 模型中实体之间有哪些联系类型？

13. E-R 模型如何转换成关系模型？

14. 概念设计、逻辑设计、物理设计各有何特点？

15. 简述数据库三级模式体系结构。

16. 什么是 DBMS？DBMS 有哪些主要功能？列举几种常用的 DBMS。

2.2.4　关系代数及规范化

1. 给定关系 R、S、P（表 1.2.1、表 1.2.2、表 1.2.3），写出以下关系运算的结果。

表 1.2.1　关系 R

A	B	C
1	1	c1
2	3	c2
3	2	c1

表 1.2.2　关系 P

A	D	E
1	d2	e1
2	d3	e1
3	d1	e2

表 1.2.3　关系 S

A	B	C
2	1	c2
1	1	c1
2	3	c2
1	2	c2

(1) $R{\cup}S, R{\cap}S, R-S$

(2) $\sigma_{A>B}(R)$

(3) $\pi_{A,C}(S)$

(4) $R \underset{R.A<P.A}{\bowtie} P$

(5) $\pi_{A,C}(S) \bowtie P$

2. 以下是学生教学管理关系模型：

- 学院(学院编号,学院名称,院长,办公电话)；
- 专业(专业编号,专业名称,专业类别,学院编号)；
- 学生(学号,姓名,性别,生日,民族,籍贯,简历,专业编号,登记照)；
- 课程(课程编号,课程名称,课程类别,学分,学院编号)；
- 成绩(学号,课程编号,成绩)。

写出完成以下操作的关系代数式：

(1) 求所有学生的民族来源。

(2) 求 1994 年之前出生的女生姓名、生日和民族。

(3) 求信息学院学生的姓名、性别、专业。

(4) 查询信息学院开设的所有课程的信息。

(5) 求成绩在 85 分以上的学生的姓名及所学课程的课程名及成绩。

3. 有如下的商品销售的关系模式,用文字说明给出的关系代数式的实际含义。

- 商品(商品号,商品名,型号,单价,厂家)；
- 员工(员工号,姓名,生日,职务,基本工资,部门)；
- 销售(销售日期,商品号,数量,金额,员工号)。

(1) $\pi_{姓名,性别,职务,基本工资}(员工)$

(2) $\pi_{姓名,性别,生日}(\sigma_{工资<1000}(员工))$

(3) $\sigma_{销售日期\geqslant'2012.01.01' \text{ AND } 销售日期\leqslant'2012.03.31'}(销售)$

(4) $\pi_{商品名,数量,金额}(\sigma_{姓名='张三'}(员工) \bowtie \sigma_{销售日期\geqslant'2012.07.01' \text{ AND } 销售日期\leqslant'2012.07.31'}(销售) \bowtie 商品)$

(5) $\pi_{商品名,型号,数量,金额,姓名}(\sigma_{销售日期\geqslant'2012.01.01' \text{ AND } 销售日期\leqslant'2012.06.30'}(销售) \bowtie 商品 \bowtie 员工)$

4. 有如下的商品销售清单的关系模式,试分析其中的函数依赖,指出主键和主属性,并说明该关系模式属于第几范式。

商品销售(商品编号,商品名,型号,生产厂家,厂家地址,单价,客户编号,客户名,地址,电话,购买数量,金额,购买日期)。

假设客户在同一日期内对于同一种商品最多购买一次,不同日期可以购买相同商品。

5. 试将第 4 题的商品销售关系规范化为 3NF。

2.2.5 综合设计题

1. 某校图书馆欲开发学生图书借阅管理系统。该系统管理图书馆的图书信息、读者信息和借阅信息。借阅管理的读者信息包括借书证号、姓名、性别、生日、专业、班级、联系电话、身份证号；图书信息包括图书号、ISBN、书名、第一作者、出版社、出版日期、价格、馆藏数。其中,一种图书可以被多名读者借阅；一名读者可以同时借阅多本图书,借阅时登记借阅日期、归还日期。根据题意画出图书借阅管理的 E-R 模型,然后将 E-R 模型转化为关系模型。

2. 某学校设计教学管理系统。包括学生、专业、学院、课程等信息。学生实体包括学号、姓名、性别、生日、民族、籍贯、简历、登记照，每名学生选择一个主修专业，专业包括专业编号、名称和专业类别，一个专业属于一个学院，一个学院可以有若干个专业。学院信息要存储学院编号、学院名称、院长、办公电话。教学管理还要管理课程表和学生成绩。课程表包括课程编号、课程名称、课程类别、学分，每门课程只由一个学院开设。学生每选修一门课程获得一个成绩。

设计该教学管理的 E-R 模型，然后转化为关系模型。

3. 若第 2 题的管理系统还要管理教师教学安排，教师包括工号、姓名、年龄、职称，一个教师只属于一个学院，一名教师可以教若干门课程，一门课程可以由多名教师任教，每个教师所上的每门课都有一个课堂号和课时数。试修改 E-R 模型，增加教师数据。

4. 足球联赛中采用主客场制。球队实体包括球队编号、名称、地址、电话、法人代表、主教练姓名等。球队之间发生比赛联系，包括日期、球场、主裁判姓名、比分。设计足球联赛的 E-R 模型并转换为关系模型。

第3章 Access概述及数据库管理

本章介绍 Access 的特点和 Access 2010 新的界面和操作方法,介绍 Access 数据库的有关概念、创建及基本管理操作。

3.1 主要知识点

3.1.1 Access 概述

Access 最早发布于 1992 年 11 月。2010 年微软公司发布 Office 2010 版,共有 6 个版本。其中,专业版和专业增强版包括了 Access。

Access 一般随 Office 一起安装。Office 2010 支持 32 位和 64 位 Windows 7,仅支持 32 位 Windows XP。安装完毕后,可进入 Office 的任一程序"帮助"窗口,通过激活密钥激活 Office 2010 完成最终整个安装过程。

3.1.2 Access 的用户界面与基本操作

Access 2010 用户界面的三个主要组件功能如下:

- 功能区。其包含多组命令且横跨程序窗口顶部的带状选项卡区域,替代以前版本中的菜单和工具栏的主要功能,由多个选项卡组成。这些选项卡上有多个按钮组。
- Backstage 视图。这是功能区"文件"选项卡上显示的命令集合。
- 导航窗格。这是 Access 程序窗口左侧的窗格,可以在其中使用数据库对象。

1. 启动和退出 Access

启动 Access 的方法一般有如下几种:

(1) 选择"开始"|"所有程序"|Microsoft Office|Microsoft Access 2010 命令。

(2) 若桌面有 Access 快捷图标,双击该图标。

(3) 双击与 Access 关联的数据库文件。

退出 Access 的主要操作方法有如下几种:

(1) 单击窗口的"关闭"按钮 ☒ 。

(2) 选择"文件"选项卡,在 Backstage 视图中选择"退出"选项。

（3）单击左上角的 Access 图标，在弹出的控制菜单中选择"关闭"菜单项。

（4）按 Alt＋F4 组合键。

2．Backstage 视图

Backstage 视图是 Access 2010 中的新增界面。是功能区"文件"选项卡上显示的命令集合，可以用来创建数据库、打开已有数据库、发布数据库到 Web、执行数据库维护任务等。

（1）"新建"命令的 Backstage 视图。

直接启动 Access，或在"文件"选项卡中选择"新建"命令项，出现新建空数据库的 Backstage 视图界面。在窗口左侧列出了可以执行的命令项。包括"打开"、"最近所用文件"、"新建"、"帮助"、"选项"等。

（2）已有打开数据库的 Backstage 视图。

若已打开数据库，单击"文件"选项卡，进入当前数据库的 Backstage 视图。包括"数据库另存为"、"关闭数据库"、"信息"、"打印"、"保存并发布"等。

3．功能区

进入 Access，横跨程序窗口顶部的带状选项卡区域即是功能区。

功能区包括：将相关常用命令分组在一起的主选项卡、只在使用时才出现的上下文选项卡，以及快速访问工具栏（可以自定义的小工具栏，将用户常用的命令放入其中）。

（1）功能区主选项卡包括"文件"、"开始"、"创建"、"外部数据"和"数据库工具"。每个选项卡都包含多组相关命令。

在功能区选项卡上，某些按钮提供选项样式库，而其他按钮将启动命令。

4 个主要命令选项卡为"开始"、"创建"、"外部数据"和"数据库工具"。

（2）有一些选项卡属于上下文命令选项卡，根据当前的操作出现或转换。

（3）快速访问工具栏。出现在窗口顶部 Access 图标右边显示的标准工具栏，它将常用操作命令显示在这里，用户可单击按钮进行快速操作。用户可以定制该工具栏。

（4）快捷键。执行命令的方法有多种。最快速、最直接的方法是使用与命令关联的键盘快捷方式。在功能区中可以使用键盘快捷方式。

4．导航窗格

位于 Access 窗口左侧，用于组织归类数据库对象。可以展开和隐藏对象名。

5．选项卡式文档

当打开多个对象后，Access 默认将表、查询、窗体、报表以及关系等对象采用选项卡的方式显示。可以通过设置 Access 选项更改显示方式。

6．状态栏

窗口下部为状态栏，提示一些当前操作的状态信息。

3.1.3 创建 Access 数据库

1. Access 数据库对象

Access 数据库对象由表、查询、窗体、报表、宏和模块 6 种对象共同组成。因此，Access 数据库是一个容器，是其他数据库对象的集合，也是这些对象的总称。

（1）表。表是实现数据组织、存储和管理的对象。表也是查询、窗体、报表等对象的数据源。表是 Access 数据库的核心和基础。

（2）查询。查询是实现对数据进行处理的对象。查询使用结构化查询语言（SQL）。将定义查询的 SQL 语句保存下来，就得到查询对象。查询的结果以表的形式呈现。

（3）窗体。窗体用来作为数据输入/输出的界面对象。窗体的基本元素是控件。

（4）报表。报表用来设计实现数据的格式化显示和打印输出，也可以实现对数据的运算统计处理。

（5）宏。宏是一系列操作命令的组合，作为一个整体执行。

（6）模块。模块是利用程序设计语言 VBA（Visual Basic Application）编写的实现特定功能的程序集合，可以实现任何需要程序才能完成的功能。

2. Access 数据库存储

数据库对象都是逻辑概念，而 Access 中数据和数据库对象以文件的形式存储，称为数据库文件，文件的扩展名是".accdb"。一个数据库保存在一个文件中。

3. 创建数据库

使用 Access 建立数据库系统的一般步骤如下：

（1）进行数据库设计，完成数据库模型设计。

（2）创建数据库文件，作为整个数据库的容器和工作平台。

（3）建立表对象，以组织、存储数据。

（4）根据需要建立查询对象，完成数据的处理和再组织。

（5）根据需要设计创建窗体、报表，编写宏和模块代码，实现输入/输出界面设计和复杂数据处理功能。

在 Access 中创建数据库的方法：一是直接创建空数据库；二是使用模板。

（1）创建空数据库是建立一个数据库系统的基础，是数据库操作的起点。

启动 Access，进入 Backstage 视图，选择"新建"|"空数据库"命令，确定路径和文件名，单击"创建"按钮。

（2）创建新的 Web 数据库。进入 Backstage 视图，单击"新建"命令。在"可用模板"下单击"空白 Web 数据库"。确定路径和文件名，单击"创建"按钮。

（3）根据样板示例模板新建数据库。进入 Backstage 视图，单击"新建"|"样本模板"命令。找到要使用的模板后，单击该模板。确定路径和文件名，单击"创建"按钮。

（4）根据 Office.com 模板新建数据库。在 Backstage 视图中，直接从 office.com 下载更多 Access 模板。

3.1.4　Access 数据库管理

1. 数据库的打开与关闭

已创建数据库每次使用时首先要打开。可用多种方式打开数据库。

方法一：在 Windows 中找到数据库文件，双击该文件，启动 Access 并打开数据库。

方法二：启动 Access，进入 Backstage 视图。单击"打开"命令，在弹出的"打开"对话框中查找指定数据库文件，单击"打开"按钮。

方法三：启动 Access，在 Backstage 视图中单击"最近使用文件"命令，进入"最近使用的数据库"列表窗口，选择要打开的数据库文件单击。

Access 一次只能操作一个数据库。关闭数据库的几种方法如下：

方法一：在 Backstage 视图中单击"关闭数据库"命令，关闭当前数据库。

方法二：打开一个新数据库文件的同时，将先关闭当前数据库。

方法三：退出 Access 的时候，将关闭当前的数据库。

2. 数据库文件默认路径设置

通过 Backstage 视图启动"Access 选项"对话框，选择"常规"选项，在"默认数据库文件夹"文本框中输入要作为 Access 默认文件夹的路径，单击"确定"按钮。

3. 数据库的备份与恢复

备份即将数据库文件在另外一个地方保存一份副本。当数据库由于故障或人为原因被破坏后，将副本恢复即可。数据库备份不是一次性而是经常和长期要做的工作。

最简单的方法是利用操作系统（Windows)的文件拷贝功能。

Access 备份和恢复数据库的方法：打开数据库，在 Backstage 视图单击"保存并发布"命令，选择"备份数据库"选项，单击"另存为"按钮实现备份。

备份文件自动将当前数据库文件加上日期后另存一个副本。当需要恢复数据库时，将备份副本拷贝到数据库文件夹。如果需要改名，重新命名文件即可。

如果只需要备份数据库中的特定对象，如表、报表等，可以在备份文件夹下先创建一个空数据库，然后通过导入/导出功能，将需要备份的对象导入到备份数据库即可。

4. 查看和编辑数据库属性

要查看及编辑数据库属性，在当前数据库的 Backstage 视图中，单击"查看和编辑数据库属性"命令项，弹出数据库属性对话框。

3.2　习题

3.2.1　单项选择题

1. 以下列出的软件中，不是 Microsoft Office 套件中的组件的是(　　)。

A) Access   B) Word   C) FoxPro   D) Excel

2. 以下列出的不是 Access 的特点的是(　　)。

    A) 集成了表、查询、窗体等多种对象于一体

    B) 不能使用程序设计语言

    C) 提供了可视化的交互设计界面

    D) 可以开发完整的包括数据库和应用程序的信息系统

3. Access 2010 数据库文件存储时的扩展名是(　　)。

    A) dbf   B) accdb   C) aspx   D) mdb

4. 进入 Access 2010 数据库窗口,以下不属于功能区选项卡的是(　　)。

    A) 文件   B) 开始   C) 创建   D) 帮助

5. Backstage 视图是功能区(　　)选项卡上显示的命令集合。

    A) 文件   B) 开始   C) 创建   D) 外部数据

6. 以下列出的是 Access 功能区中的上下文命令选项卡的是(　　)。

    A) 开始   B) 数据库工具   C) 外部数据   D) 设计

7. 以下列出的是用于组织归类数据库对象的组件的是(　　)。

    A) 功能区   B) 导航窗格   C) Backstage 视图   D) 工具菜单

8. 在 Access 中,选择"文件"选项卡中的"新建"命令,直接打开的对象是(　　)。

    A) 任务窗格   B) 模板窗口

    C) 数据库窗口   D) 新建数据库的 Backstage 视图界面

9. Access 数据库的核心和基础的对象是(　　)。

    A) 表   B) 查询   C) 窗体   D) 模块

10. 以下各项中说法不正确的是(　　)。

    A) 窗体用来作为数据输入/输出的界面对象

    B) 查询对象可存储数据

    C) 宏是一系列操作命令的组合

    D) 报表对象用来设计实现数据的格式化打印输出

11. Access 2010 的数据库对象不包括(　　)。

    A) 表   B) 查询   C) 窗体   D) 关系模型

12. 若桌面有 Access 快捷图标。以下不能启动进入 Access 的操作是(　　)。

    A) 选择"开始"菜单"所有程序"中表示 Access 程序的菜单项

    B) 选择一个 accdb 型文件双击

    C) 在"开始"菜单的"运行"项中输入"Access.exe",然后单击"确定"按钮

    D) 双击桌面的 Access 快捷图标

3.2.2 填空题

1. Access 是微软_____套件中的组件。

2. Access 数据库包括的数据库对象种类数是_____。

3. Access 2010 用户界面的三个主要组件是_____、_____和_____。

4. 要创建 Access 数据库,可以使用 Backstage 视图的_____项。

5. 功能区的主选项卡包括_____、_____、_____、_____和_____。

6. 根据用户正在使用的对象或正在执行的任务而显示的命令选项卡称为_____。

7. Access 数据库对象有_____、_____、_____、_____、_____和_____。

8. Access 的_____和_____对象实现了数据格式化的输入/输出功能。

9. 若要设置打开 Access 数据库文件默认路径,通过 Backstage 视图中的_____命令项,进入_____对话框中,选择_____选项页进行设置。

10. 备份 Access 数据库文件,通过_____选项卡进入_____窗口,选择_____命令项,然后选择"备份数据库"选项。

3.2.3　简答题

1. Access 是什么套装软件中的一部分? 其主要功能是什么?

2. Access 的导航窗格有什么主要功能?

3. 如何启动和退出 Access?

4. 使用 Access 创建数据库的一般步骤有哪些?

5. Access 数据库如何存储?

6. 创建 Access 数据库的基本方法有哪几种?

7. Access 数据库有几种数据库对象? 每种对象的基本作用是什么?

8. 为什么要进行数据库备份? 简述备份 Access 数据库的基本方法。

第 4 章

表与关系

表对象是数据库中最重要的对象,是其他对象的基础。本章介绍表的创建与管理。

4.1 主要知识点

4.1.1 Access 数据库的表对象及创建方法

一个数据库内可有若干个表,每个表有唯一表名。表包括记录和字段。表中标识记录的字段为主键。主键取值不重复。一个表最多一个主键。

数据库中多个表之间通常有关系。一个表的主键在另外一个表中作为两个表联系的字段,称为外键。外键与主键之间必须满足参照完整性的要求。

创建表的操作包括为表命名、定义字段结构和表之间的关系,为表输入数据记录。

在 Access 2010 中提供了以下 6 种方式来建立表:

(1) 直接在数据表中输入数据。

(2) 通过"表"模板,应用 Access 内置的表模板来建立新的数据表。

(3) 通过"SharePoint 列表",在 SharePoint 网站建立一个列表,再在本地建立一个新表,然后将其联接到 SharePoint 列表中。

(4) 通过表的"设计视图"创建表。

(5) 通过"字段"模板设计建立表。

(6) 通过导入外部数据建立表。

4.1.2 数据类型

DBMS 事先将其所能够表达和存储的数据进行了分类,即数据类型。

数据类型规定了每一类数据的取值范围、表达方式和运算种类。有些不能算作基本数据类型,如 Access 中的"计算"、"查阅向导"等。

(1) 文本型和备注型。表达文本字符信息。文本型字段最多 255 个字符,备注型字段最多存储 65 535 个字符。

(2) 数字型和货币型。处理数值,由 0~9、小数点、正负号等组成,不能有除 E 以外的其他字符。数字型又进一步分为字节、整型、长整型、单精度型、双精度型、小数等。

数值表达有普通表示法和科学记数法。

自动编号型相当于长整型，在表中该类型字段在添加记录时自动输入唯一编号的值。

(3) 日期/时间型。可以同时表达日期和时间，也可以单独表示日期或时间数据。

(4) 是/否型。用于表达具有真或假的逻辑值。可以取的值有：true 与 false、on 与 off、yes 与 no 等。"真"存储的值为 −1，"假"存储的值为 0。

(5) OLE 对象型。用于存放多媒体信息，如图片、声音、文档等。

(6) 超链接型。用于存放超链接地址。超链接地址最多可以有 4 部分，各部分间用符号"♯"分隔，若省略某个部分，但分隔符 ♯ 不能省略。地址格式：

显示文本 ♯ 地址 ♯ 子地址 ♯ 屏幕提示

(7) 附件。Access 2010 新增类型，将各类文件作为附件附加到数据库记录中。

(8) 计算。通过引用表中其他字段的计算表达式获得字段的值。

(9) 查阅向导。应用于"文本"、"数字"、"是/否"三种类型的辅助工具。

4.1.3　数据库的物理设计

表的物理设计即结合 DBMS 的规定将表的表名、各字段名及类型，以及字段及表的全部约束规定，包括表之间的关系都设计出来。

为表和字段等命名要遵循 Access 的规定。为了便于数据交换，一般情况下，命名的基本原则要求是：以字母或汉字开头，由字母、汉字、数字以及下划线等少数几个特殊符号组成，不超过一定的长度。

新名称不应和 Access 保留字相同。保留字是 Access 所使用的词汇。

4.1.4　应用设计视图创建表

1. 创建表的基本过程

创建表的基本过程如下：启动表设计视图，定义各字段的名称、数据类型，设置字段属性等；定义主键、索引等，设置表的属性；对表命名保存；最后建立表之间的关系。

2. 主键和索引

主键有以下几个作用和特点：

(1) 唯一标识每条记录，因此作为主键的字段不允许有重复值和取 NULL 值。

(2) 可以与其他表的外键建立关系，实现参照完整性。

(3) 定义主键将自动建立一个"无重复"索引，可以提高表的处理速度。

主键是一种数据约束。主键实现了数据库中数据实体完整性的功能。

"索引"是一个字段属性。给字段定义索引有以下两个基本作用：

(1) 利用索引可以实现一些特定的功能，如主键就是一个索引。

(2) 建立索引可以明显提高查询效率，更快地处理数据。

索引分为"有重复"索引和"无重复"索引。"无重复"索引的字段不允许有重复值。

可以为一个字段建立索引，也可以将多个字段组合起来建立索引。

3．定义表时有关数据约束的字段属性

实体完整性通过主键实现，参照完整性通过建立表的关系来实现，而域完整性和其他由用户定义的完整性约束在表定义时通过多种字段属性来实施，相关的字段属性有"字段大小"、"默认值"、"有效性规则"、"有效性文本"、"必需"、"允许空字符串"等。"索引"属性也有约束的功能。

4．"格式"属性的应用

"格式"属性用于定义字段的显示和打印格式。不同格式字符代表不同的显示格式。设置"格式"属性只影响数据的显示格式而不会影响数据的输入和存储。

5．"输入掩码"属性的应用

定义"输入掩码"属性有以下两个作用：
(1) 定义数据的输入格式。
(2) 规定数据输入的某一位上允许的取值集合。

如果某个字段同时定义了"输入掩码"和"格式"属性，那么在为该字段输入数据时，"输入掩码"属性生效；在显示该字段数据时，"格式"属性生效。

"输入掩码"属性最多由三部分组成，各部分之间用分号分隔。第一部分定义数据输入格式。第二部分定义是否按显示方式在表中存储数据。第三部分定义一个占位符以显示数据输入的位置。

6．其他字段属性的使用

(1) "标题"属性。在显示字段名的地方代替字段名。
(2) "小数位数"属性。"小数位数"属性仅对"数字"和"货币"型字段有效。
(3) "新值"属性。指定"自动编号"型字段的递增方式。
(4) "输入法模式"属性。用于定义当焦点移至字段时是否开启输入法。
(5) "Unicode 压缩"属性。用于定义是否允许对"文本"、"备注"和"超链接"型字段进行 Unicode 压缩。
(6) "文本对齐"属性。设置数据在数据表视图中显示时的对齐方式。

7．"查阅"选项卡与"显示控件"属性的使用

"查阅"选项卡中设置了"显示控件"属性。该属性仅适用于"文本"、"是/否"和"数字"型字段。将这三种字段与某种显示控件绑定以显示其中的数据。

8．表属性的设置与应用

"表属性"对话框对整个表进行设置。

"子数据表展开"栏定义在数据表视图显示本表数据时是否同时显示与之关联的子表数据。"子数据表高度"栏定义其显示子表时的显示高度，0cm 是采用自动高度。

"方向"栏定义字段显示的排列是从窗口的左向右还是从右向左。

"说明"栏可以填写对表的有关说明性文字。

"默认视图"是在表对象窗口中双击该表时默认的显示视图。

"有效性规则"和"有效性文本"栏用于用户定义的完整性约束设置，可针对涉及表中多字段的有效性规则。

"筛选"和"排序依据"栏用于对表显示记录时进行限定。

4.1.5　其他方式创建表

1. 使用数据表视图创建表

直接进入表的"数据表视图"输入数据，然后设置调整各字段的类型。

2. 使用字段模板创建表

在数据表视图创建表的过程中，应用字段模板，在添加字段的同时，对字段的数据类型等做进一步的设置。

在数据表视图窗口，选择"表格工具"|"字段"|"添加和删除"|"其他字段"下拉按钮，弹出要建立的字段类型。选择某个数据类型，在表中将当前字段的类型设为所选类型。

也可以直接在新增字段上指定类型。在"单击以添加"列上单击，下拉出数据类型列表。选择其中合适的字段类型单击，则当前新添字段就设定为所选类型。

3. 使用 Access 内置的表模板建立新表

Access 内置了一些表的模板，可先通过模板创建表，然后再修改调整。

使用模板方式创建表，选择"创建"|"模板"|"应用程序部件"按钮，下拉出模板界面，选择"模板"并单击，则自动添加新表。

4. 通过导入或链接外部数据创建表

根据"导入/链接向导"的提示进行操作，利用外部数据创建表。

4.1.6　建立表之间的关系

关系数据库表之间存在大量引用和被引用，通过主键（或无重复索引字段）和外键进行联系。Access 通过建立父子（或主子）关系来实现这种引用。

1. 建立关系

表之间的关系分为两种：一对一关系和一对多关系。

（1）一对一关系。父表中每一条记录最多只与子表中的一条记录相联系。若要建立一对一关系，父表和子表发生联系的字段必须是各自表中的主键或无重复索引字段。

（2）一对多关系。父表中一条记录可以与子表中的多条记录相联系。但子表的记录只能与父表的一条记录联系。父表的联系字段必须是主键或无重复索引字段。

外键与所引用的字段可以不同名，但必须在数据类型和大小上与设置的相同。

可通过"关系"窗口定义表之间的关系，定义时需要设置关系的各种处理规则，通过"编辑关系"对话框实现。

影响关系的操作涉及对父表或子表的插入、删除、修改三种操作。

当在子表插入记录、修改数据涉及外键时,要检验参照约束。删除则不影响。

当在父表删除记录、修改数据涉及被引用字段时,若影响到引用的一致性,则可以事先规定处理方式。而插入记录不影响参照完整性。

相关的处理方式如表1.4.1所示。

表 1.4.1 建立关系实施参照完整性的设置与处理

相关表 操作数据	父 表	子 表
插入	√	检验
修改	级联/无动作	检验
删除	级联/无动作	√

在"编辑关系"对话框中,选中"实施参照完整性"复选框,就设置了对子表的参照检验和对父表的"无动作"处理。选中"级联更新相关字段"就设置了父表修改操作的"级联"处理;选中"级联删除相关记录"就设置了父表删除操作的"级联"处理。

如果不选"实施参照完整性"复选框,虽然在"关系"窗口中也会建立两个表之间的关系连线,但Access将不会检验输入的数据,即不强制实施参照约束。

2."关系"窗口的其他操作

在"关系"窗口中,当表很多时,可以隐藏一些表和关系的显示。

在"关系"窗口中,选中某个关系连线,可以对关系进行删除和修改操作。可以根据需要,通过"关系"窗口添加或删除表。不过应注意,已经输入数据的相关表,在进行更改关系或删除表时必须不违背数据完整性的约束要求。

一个表可以重复添加。表的自我联系就是通过重复添加实现的。

4.1.7 表的操作

"数据表"视图是用户操作表的主要界面。

1.表记录的输入

(1)数据表视图及操作。数据表视图设置有记录选择器、字段选定器、记录浏览按钮以及记录滚动条、字段滚动条。记录选择器上有三种不同标记:"当前记录"标记;"编辑记录"标记 ⚟;"新记录"标记 ✳。存在一对多的表的每条记录第一个字段左边有一个展开指示器(+)号,单击(+)可以展开相关的子表记录。子表最多8级嵌套。

通过选定"新记录"标记,然后输入新记录。

(2)OLE对象字段的输入。利用"剪切"或"复制"及"粘贴"功能;利用快捷菜单中的"插入对象"命令,在对话框中处理。

(3)附件字段的输入。将其他文件以附件的形式保存,利用"附件"型字段快捷菜单的

"管理附件"命令，在"附件"对话框中处理。

2．表记录的修改和删除

在数据表视图中可直接修改数据。

在记录选择器上选中记录，通过快捷菜单"删除记录"命令，或按 Delete 键，可删除记录。注意，被引用记录不能删除。

3．显示表的操作

（1）主子表展开或折叠浏览。单击展开指示器（＋）或折叠指示器（—）即可。
（2）可改变"数据表"视图列宽和行高。
（3）可重新编排列的显示次序。
（4）可隐藏和显示列。
（5）可冻结列，使某些列总是保留在当前窗口上。
（6）可设置字体、字形、字号、网格线、对齐方式等。

4．记录数据的查找和替换

通过特征值查找记录和快速替换数据功能。选择"开始"选项卡的"查找"组内"查找"按钮🔍单击，弹出"查找和替换"对话框，在该对话框中输入并处理。

5．排序和筛选

通过"开始"选项卡"排序和筛选"组内的"升序"或"降序"按钮，可重排记录显示顺序。通过"筛选"窗口中设置及 🔽 切换筛选 按钮，可筛选数据。

6．表的打印输出

将表在数据表视图中打开，选择"文件"选项卡，在 Backstage 视图中选择"打印"命令，然后进行打印。可以先单击"打印预览"命令查看打印效果。

4.1.8　修改表结构和删除表

通过表设计视图，可以修改表结构。修改操作包括：添加、删除字段，修改字段的定义，移动字段顺序，添加、取消或更改主键字段，添加或修改索引等。

应及时删除不再需要的表。在导航窗格中选定表，单击右键，在快捷菜单中选择"删除"命令；或者选定表后按 Delete 键。

需要注意的是，若该表在关系中被其他表引用，必须先解除关系。

4.2　习题

4.2.1　单项选择题

1．以下列出的各项中，不符合表的特点的是（　　）。

A）表是数据库中最重要的对象　　　　　B）表通过外键与其他表发生联系

C）表是数据组织与管理的单位　　　　　D）表是数据存储的单位

2. 以下列出的各项中,不是 Access 数据类型特点的是(　　　)。

A）规定数据互相联系方式　　　　　B）规定数据表达方式

C）确定数据取值范围　　　　　　D）规定数据运算方式

3. 以下列出的各个数据中,不是 Access 常量的是(　　　)。

A）"－1234.6"　　　　B）1.5e－10　　　　C）＄3910.35　　　　D）♯1990-1-1♯

4. 在 Access 中定义表时,下列各项不属于数据约束功能的是(　　　)。

A）定义输入掩码　　　　　　　　B）定义标题

C）定义主键　　　　　　　　　　D）定义有效性规则

5. 在表定义时,日期时间型的字段,一个字段值占用的存储空间是(　　　)字节。

A）2　　　　　　　　B）4　　　　　　　　C）8　　　　　　　　D）16

6. 对于文本型字段,不可以用于查阅的绑定控件类型是(　　　)。

A）复选框　　　　　B）文本框　　　　　C）列表框　　　　　D）组合框

7. 对于是/否型字段,不可以用于查阅的绑定控件类型是(　　　)。

A）复选框　　　　　B）文本框　　　　　C）列表框　　　　　D）组合框

8. 对于日期型字段,若显示的日期"1988-1-1",那么,设定的日期格式是(　　　)。

A）常规日期　　　　B）长日期　　　　　C）短日期　　　　　D）中日期

9. 对于数字型字段,若显示红色数字,结果是"4.80％",那么设定的格式是(　　　)。

A）♯.♯%　　　　　　　　　　　　B）♯.♯%[红色]

C）♯.00%[红色]　　　　　　　　　D）00.♯♯ %[红色]

10. 在输入字段数据时,可以输入 6 位符号。要想达到只能输入正负号、空格、0～9,应该定义输入掩码属性的值是(　　　)。

A）??????　　　　B）999999　　　　C）000000　　　　D）♯♯♯♯♯♯

11. 当输入字段时自动启动中文输入法。不可以设置输入法启动的字段类型是(　　　)。

A）货币型　　　　　B）文本型　　　　　C）日期/时间型　　　　D）备注型

12. 如果将其他数据库中的表转入本数据库中,应该使用创建表的方法是(　　　)。

A）链接表　　　　　B）数据表　　　　　C）向导　　　　　D）导入表

13. 在 Access 中建立表之间的关系,如果一个表的字段是主键,另外一个表的字段建立了无重复索引,以这两种字段建立的关系类型是(　　　)。

A）一对多关系　　　B）一对一关系　　　C）多对多关系　　　D）不能建立关系

14. 建立了关系和参照完整性的父子表,当要删除父表的数据时,如果子表中有对应数据,系统禁止该删除操作,则应该实施的操作是(　　　)。

A）取消参照完整性设置　　　　　B）不设置级联更新相关字段项

C）不设置级联删除相关字段项　　　D）设置级联删除相关字段项

15. 建立了关系的父子表,如果要求插入子表记录时对外键字段进行符合主键数据的检验,一定要实施的操作是(　　　)。

A）设置实施参照完整性　　　　　B）设置级联更新相关字段项

C）设置级联删除相关字段项　　　D）以上设置都需要

16. 当两个表之间有父子关系时,以下操作中不可以完成的是(　　)。
    A) 先删除子表,后删除父表　　　　　　B) 先删除父表,后删除子表
    C) 先解除关系,后删除父表　　　　　　D) 删除子表,自动解除关系

17. 在 Access 中定义"学生"表,定义"学号"为主键,则(　　)。
    A) 可实现实体完整性　　　　　　　　　B) 可实现参照完整性
    C) 可实现用户定义的完整性　　　　　　D) 不能实现任何数据完整性

18. 在"学生"表中定义"性别"字段只能在"男"或"女"中取值,则(　　)。
    A) 属于实体完整性约束　　　　　　　　B) 属于参照完整性约束
    C) 属于用户定义的完整性约束　　　　　D) 不属于任何数据完整性约束

4.2.2　填空题

1. 表是最重要的数据库对象,表中的行称为_____,列称为_____。

2. 表中可指定_____来作为区分各记录的标识。表之间通过_____进行联系。

3. 数据类型是计算机信息处理中用来规定数据的_____、_____和_____的概念。

4. 逻辑数据值在存储和显示时,用_____表示 true,_____表示 false。

5. 表的设计视图中下部的"字段属性"窗格包含_____和_____两个选项卡。

6. Access 中定义表时,通过定义_____实现实体完整性约束,通过定义_____实现用户定义完整性约束,通过定义_____并设置表之间的联系实现参照完整性约束。

7. 要指定字段的显示格式,应该定义_____字段属性。

8. 可以使用控件进行"查阅"的字段类型是_____、_____和_____。

9. 一个货币型字段在存储时占用的存储空间是_____字节。

10. 为字段定义每一位输入数据的取值范围,若某 1 位只能输入字母,该位的输入掩码应该是_____。若该位只能是 0～9 的数字,该位的输入掩码是_____。

11. 在定义表时,若表中有两个字段 F1、F2,必须满足 F1＞F2 的条件,那么在定义时必须通过_____来进行设置,对应的项是_____。

12. 为表的字段建立索引,可以建立的索引类型有_____和_____。

13. 除了利用设计视图创建表外,还可以使用创建表的方法包括_____、_____、_____和_____。

14. 在 Access 中,在表之间可以创建的关系类别包括_____和_____。

15. 当修改表的记录数据,而该数据被其他表参照引用时,如果希望同步修改,应该在关系中进行的设置是_____。

16. 当插入表的记录数据,但有字段作为外键参照其他表时,如果希望对外键的取值在没有对应主键数据时禁止插入,应该在关系中进行的设置是_____。

17. 当表之间建立有关系时,在数据表中显示父表数据时,单击_____指示器将展开子表关联记录,单击_____指示器将折叠子表关联记录的显示。

18. 在数据表中显示记录时,如果要按照某个字段从小到大的顺序显示记录,那么可以先选择该字段,在功能区_____选项卡的_____组内单击_____按钮。

4.2.3 简答题

1. 简述 Access 数据库中表的基本结构。

2. 数据类型作用有哪些？试列举几种常用的数据类型及其常量表示。

3. Access 数据库中有哪几种创建表的方法？简述各种建表方法的特点。

4. 什么是主键？表中定义主键有什么作用？

5. 在定义关系时实施参照完整性的具体含义是什么？什么是级联修改和级联删除？

6. 什么是数据完整性？Access 数据库中有几种数据完整性、如何实施？

7. 在设计表时，设置表"属性"对话框中的"有效性规则"与设置字段属性中的"有效性规则"有什么相同和不同的地方？

8. 什么是索引？索引的作用是什么？

9. 什么是输入掩码？在定义表时使用输入掩码有何作用？

10. 什么是父子表？如何同时查看父子表？

11. 什么是域完整性？列举几种属于域完整性设置的方法。

4.2.4 设计操作题

1. 针对 2.2.5 节综合设计题中的第 2 题（教学管理的设计内容），结合 Access 完成其数据库结构的设计。

2. 在 Access 中创建教学管理数据库。利用设计视图完成创建表及关系的操作，并进行必要的字段属性设置。

第 **5** 章

查 询

查询对象是数据库中用于实现数据操作和处理的对象。数据库的操作使用结构化查询语言(Structure Query Language,SQL)。本章介绍 SQL 语言以及查询对象的使用。

5.1 主要知识点

5.1.1 查询及查询对象概述

1. 查询的意义

数据库系统一般包括三大功能:数据定义功能、数据操作功能、数据控制功能。通过数据库语言实现数据库系统功能。关系型数据库的标准语言是 SQL。

对查询广义的解释:使用 SQL 对数据库进行管理、操作,都可以称为查询。狭义的查询是指数据库操作功能中查找所需数据的操作。Access 的"查询"包括表的定义功能和数据的插入、删除、更新和数据查找等功能。

表对象实现数据的组织与存储,是数据的静态呈现。查询对象实现数据的动态处理。

2. SQL 概述

SQL 是关系数据库的国际标准语言,既是自主式语言,也是嵌入式语言。

SQL 的主要特点:高度非过程化,面向问题;运算的对象和结果都是表;表达简洁,使用词汇少;自主式和嵌入式的使用方式;所有关系数据库系统都支持,可移植性较好。

3. 查询工作界面

两种方式:SQL 命令方式和可视交互方式。

两种查询设计视图:"SQL 视图"和"设计视图"。分别对应上述两种工作方式。

SQL 视图采用命令行方式,是一个文本编辑器,用户在其中输入和编辑 SQL 语句。该界面工具一次只能编辑处理一条 SQL 语句。SQL 语句都以";"作为结束标志。

4. 查询分类

• 选择查询:从数据源中查询所需数据。

- 生成表查询：将查询的结果保存为新的表。
- 追加查询：向表中插入追加数据。
- 更新查询：修改更新表中数据。
- 交叉表查询：将查询到的符合特定格式的数据转换为交叉表格式。
- 删除查询：删除表中的数据。

这6种查询都有可视方式定义和SQL命令方式，实现了对数据库的操作功能。

此外，特定查询包括联合、传递、数据定义，只能通过SQL语句完成。

Access将有可视定义方式的查询又分为两大类："选择查询"和"动作查询"。

其中，选择查询及交叉表查询不影响数据库或表的变化，属于"选择查询"；而另外4种为"动作查询"，对指定表进行更新、追加或删除操作，或者生成新表。

5. 查询对象的意义与用法

查询对象是SQL查询的命名存储，一方面代表保存的SQL语句，另一方面也代表执行该语句查询的结果。查询对象等同于一张表，可以像表一样去处理。与表不同的是，查询对象的数据都来源于表，自身并没有数据，是一张"虚表"。

"选择查询"有两种基本用法：一是实现反复从数据库中查找满足条件的数据的功能；二是对数据库数据进行再组织，可成为其他操作的数据源。

在数据库中使用查询对象，具有以下意义：

（1）查询对象可以按照用户的要求对数据进行重新组织，隐藏数据库的复杂性。查询对象实现了数据库系统三级模式结构中"外模式"的功能。

（2）查询对象灵活、高效，可以实现种类繁多的查询表达，又像表一样使用。

（3）提高数据库的安全性。

5.1.2 SQL查询

查询的两种设计视图最后都是使用SQL语句。本书介绍命令语法时使用了一些辅助性符号和一些约定，这些符号不是语句本身的一部分。它们的含义如下：

- 大写字母组成的词汇：SQL命令或保留字。
- 小写字母组成的词汇或中文：用户定义部分。
- ［ ］：表示被括起来的部分可选。
- ＜ ＞：表示被括起来的部分需要进一步展开或定义。
- ｜：表示两项选其一。
- n…：表示 … 前面的项目可重复多次。

1. Access 数据运算与表达式

表达式是由运算符和运算对象组成的完成运算求值的运算式。运算对象包括常量、输入参数、表中的字段等，运算符包括一般运算和函数运算。

通过以下的语句可查看表达式运算的结果。语法如下：

```
SELECT  <表达式>[AS 名称][,<表达式> … ]
```

Access 事先规定了各类型数据运算的运算符。包括：

（1）数字运算符。对数字型或货币型数据进行运算，结果也是数字型或货币型。

（2）文本运算符。或称字符串运算符。联接运算符："&"或"＋"。其他为函数。

（3）日期时间运算符。普通日期时间运算符只有"＋"和"－"。

（4）比较运算符。同类型数据可以进行比较测试运算。可以进行比较运算的数据类型有文本型、数字型、货币型、日期时间型、是否型等。运算结果为是否型。

文本型数据逐位按照字符的机内编码比较。

日期型按照年、月、日的大小区分，数值越大的日期值越大。

是否型只有两个值：true 和 false，0 表示 false，－1 表示 true。

"BETWEEN x1 AND x2"，x1 为范围起点，x2 为终点。范围运算包含起点和终点。

LIKE 运算对数据进行通配比较，通配符为" ＊ "、"＃"和"?"。还可使用"[ ]"。

空值判断，使用 IS NULL 或 IS NOT NULL。

IN 运算相当于集合的属于运算。EXISTS 用于判断查询的结果集合中是否有值。

（5）逻辑运算符。包括求反 NOT、与 AND、或 OR、异或 XOR 等。

运算优先级：NOT → AND → OR → XOR。使用括号改变运算顺序。

大量运算通过函数实现。函数包括函数名、自变量和函数值三个要素，基本格式是：

函数名([<自变量>])

自变量是需要传递给函数的参数，写在括号内。有的函数无须自变量，称为哑参。

参数是在执行命令时由用户输入的量。简单的数值或文本参数可直接在语句中给出。对于其他类型的参数，应该在使用前明确定义。参数定义语句的语法：

PARAMETERS 参数名 数据类型

2. SQL 查询

使用 SELECT 语句，语法结构可以表述如下：

```
SELECT [ALL | DISTINCT] [TOP <数值> [PERCENT] ]
       ＊ | [别名.]<输出列> [AS 列名] [,[别名.]<输出列> [AS 列名]…]
  [INTO 表名 ]
  FROM <数据源> [[AS] 别名] [ INNER|LEFT|RIGHT JOIN <数据源> [[AS] 别名]
                         [ON <联接条件> …] ]
  [WHERE <条件表达式> [AND | OR <条件表达式>…] ]
  [GROUP BY <分组项> [,<分组项> …] [HAVING <统计结果过滤条件> ] ]
  [UNION SELECT 语句 ]
  [ORDER BY <排序列> [ASC | DESC] [,<排序列> [ASC | DESC] …] ]
```

（1）<输出列>是语句的必选项，直接位于 SELECT 命令后面，包括字段名列表、" ＊ "代表所有字段；DISTINCT 子句用来排除重复行，使用 ALL 或者缺省保留所有行；TOP 子句指定保留前面若干行；使用 COUNT()、MAX()、MIN()、SUM()、AVG()等集函数进行汇总统计；可以使用表达式；使用 AS 子句可对输出列重命名。

（2）INTO 子句用于将查询结果保存到表。

（3）FROM 子句指明查询的<数据源>。

"数据源"可以是表对象和派生表，还可以是查询对象。

数据源有"单数据源"和"多数据源"。多数据源要进行联接。联接包括内联接、左外联接、右外联接三种联接方式以及笛卡儿积。同名列须加上表名前缀。

（4）WHERE 子句定义对数据源的筛选条件，是逻辑表达式。

（5）GROUP 子句用于分组统计。按照 GROUP 指定的字段值相等为原则进行分组，然后与集函数配合使用。分组统计查询的输出列只能由分组字段和集函数统计值组成。

HAVING 子句只能配合 GROUP 子句使用，对统计查询的数据进行输出检验。

（6）子查询是嵌套在查询中的查询，可用在 FROM 子句、WHERE 子句或 HAVING 子句中。分为非相关子查询和相关子查询。

（7）UNION 用于实现并运算，将两个查询的数据合并为一个查询结果。

（8）ORDER 子句用于对查询结果排序，ASC 或缺省表示升序，DESC 表示降序。

3．SQL 追加功能

SQL 数据维护更新操作包括三种：对数据记录的插入、删除、更新。

插入是将一条或多条记录加入到表中的操作。有两种用法，其语法如下：

```
INSERT INTO 表 [(字段 1 [,字段 2, …])]
        VALUES (<表达式 1>[, <表达式 2>, …])
INSERT INTO 表 [(字段 1 [,字段 2, …])]
        <查询语句>
```

语法 1 是向表中添加一条新记录。省略字段名表，则表达式与字段一一对应。

语法 2 将一条 SELECT 语句查询的结果追加到表中成为新记录。

添加新记录要遵守表创建时的完整性规则的约束。

4．SQL 更新功能

更新操作不增加、不减少表中记录，而是更改记录的字段值。更新命令的语法如下：

```
UPDATE 表
    SET 字段 1 = <表达式 1>[,字段 2 = <表达式 2>…]
  [ WHERE <条件> [AND | OR <条件>…] ]
```

省略 WHERE 子句时，无条件修改所有记录的值；当有 WHERE 子句时，修改只在满足条件记录的指定字段中进行。WHERE 子句用法与 SELECT 类似。

要注意更新操作必须符合完整性规则的要求。

5．SQL 删除功能

删除操作将数据记录从表中删除，且不可恢复。SQL 删除命令的语法如下：

```
DELETE [<列名表>] FROM 表
    [WHERE <条件> [AND | OR <条件>…]]
```

WHERE 子句使用与 SELECT 命令类似。省略 WHERE 子句时，将删除表中所有记录。

删除操作应注意数据完整性规则的要求，避免出现违背数据约束的情况。

6. SQL 定义功能

SQL 定义功能对表对象进行创建、修改和删除的操作。

（1）定义表。表的定义要包含表名、字段名、字段的数据类型、字段的所有属性、主键、外键与参照表、表的约束规则等。

SQL 定义表命令的基本语法如下：

```
CREATE TABLE 表名
    (字段名 1 <字段类型> [(字段大小[,小数位数])] [NULL | NOT NULL]
    [PRIMARY KEY] [UNIQUE ] [REFERENCES 参照表名(参照字段)] [DEFAULT <默认值>]
     [,字段名 2 <字段类型>[(字段大小 [,小数位数]) …] …
    [,<主键定义>] [,<外键及参照表定义>] [,<索引定义>]   )
```

"字段类型"要用事先规定的代表符来表示各种类型。

PRIMARY KEY 定义字段为主键，UNIQUE 定义字段为无重复索引。

NULL 选项允许字段取空值，NOT NULL 不允许字段取空值。

DEFAULT 子句指定字段的默认值，默认值类型必须与字段类型相同。

REFERENCES 子句定义外键并指明参照表及其参照字段。

当主键、外键、索引等是由多字段组成时，必须在所有字段都定义完毕后再定义。所有这些定义的字段或项目用逗号隔开，同一个项目内用空格分隔。

（2）定义索引。定义索引命令的基本语法如下：

```
CREATE [ UNIQUE ] INDEX 索引名
    ON 表名 ( 字段名 [ASC|DESC][, 字段名 [ASC|DESC] , …]) [WITH PRIMARY ]
```

使用 UNIQUE 子句将建立无重复索引。可以定义多字段索引，ASC 表示升序，DESC 表示降序。WITH PRIMARY 子句将索引指定为主键。

（3）表结构的修改。修改表的结构主要有以下几项内容：

* 增加字段。
* 删除字段。
* 更改字段的名称、类型、宽度，增加、删除或修改字段的属性。
* 增加、删除或修改表的主键、索引、外键及参照表等。

SQL 修改表结构命令的基本语法如下：

```
ALTER TABLE 表名
    ADD COLUMN 字段名 <类型> [(<大小>)] [NOT NULL] [<索引>] |
    ALTER COLUMN 字段名 <类型>[(<大小>)] | DROP COLUMN <字段名>
```

修改表结构命令与 CREATE TABLE 命令很多项目相同。

（4）删除表或索引。已建立的表、索引可以删除。删除命令的语法格式如下：

```
DROP {TABLE 表名| INDEX 索引名 ON 表名}
```

5.1.3　可视化交互创建查询

用户在查询"设计视图"中交互操作定义查询，Access 自动在后台生成 SQL 语句。

查询分为"选择查询"和"动作查询"两大类。其中,SELECT 语句对应于"选择查询";另外,"交叉表"查询是在 SELECT 查询基础上做进一步处理;"生成表"查询实现 INTO 子句的功能;INSERT、UPFATE 和 DELTE 语句分别对应"追加"、"更新"和"删除"查询,属于"动作查询"。

1. 创建选择查询

(1) 操作步骤如下:

① 选择"创建"|"查询"|"查询设计"按钮,启动查询工作界面。

② 确定数据源。可以是表或查询对象。

③ 在"设计视图"中定义查询。

④ 运行查询。单击功能区"运行"按钮,切换到数据表视图显示查询结果。

⑤ 命名保存为查询对象。

在构建查询的过程中可以随时切换到"SQL 视图"查看对应的 SELECT 语句。

(2) 设计视图的结构及作用。

查询设计视图分为上下两部分,上半部分是"表/查询输入区",用于显示查询的数据源;下半部分是设计网格,用于确定查询结果要输出的列和查询条件等。

设计网格包括如下几栏:

① 字段。指定字段名或字段表达式。即 SELECT 语句中需要字段的地方。

② 表。指定字段来自于哪一个表或查询。

③ 排序。用于设置排序准则。对应 ORDER BY 子句。

④ 显示。用于确定所设字段是否在输出列出现。选中复选框,字段将作为输出列。

⑤ 条件。用于设置查询的筛选条件。对应 WHERE 子句。

⑥ 或。用于设置查询的筛选条件。以多行形式出现的条件之间进行 OR 运算。反之,同行不同字段之间的条件进行 AND 运算。

对于针对其他子句如 GROUP BY、HAVING 等的设置,需要增加栏目。

(3) 选择查询的进一步设置。

① DISTINCT 和 TOP 项。查询"属性表"对话框"唯一值"、"上限值"栏设置。

② 列名或表名重命名。利用"字段属性"或表的"属性表"对话框设置。

③ 参数。可在使用参数前予以定义。通过"查询参数"对话框定义。

④ 汇总查询设计。单击功能区"汇总"按钮∑,增加"总计"栏。"总计"栏用于为参与汇总计算的所有字段设置统计或分组选项。

⑤ 子查询设计。出现在 WHERE 子句中的子查询,放置在"条件"栏中。

⑥ 查询的字段属性设置。可继承表的字段属性。另外,在查询设计视图中,将光标定位指定字段上,通过"字段属性"对话框可重新设置字段属性。

2. 创建交叉查询

交叉表查询是一种特殊的汇总查询。交叉表由三部分组成:行标题、列标题和交叉值。

如果表中存储的数据是由两部分联系产生的值,就可以将发生联系的两个部分分别作为行标题、列标题,将联系的值作为交叉值,从而生成交叉表查询。

定义查询时,指定数据源的一个或多个字段作为交叉表行标题数据来源,指定一个字段作为列标题数据来源,指定一个字段作为交叉值的来源。

3．查询向导

查询向导采用交互问答方式引导用户创建选择查询。

(1) 简单查询向导。在"创建"选项卡中单击"查询向导"按钮,弹出"新建查询"对话框。选择"简单查询向导",按照提示逐步进行设置。

(2) 交叉表查询向导。引导用户通过交互方式创建交叉表查询,不过只能在单个表或查询中创建。在"新建查询"对话框中选择"交叉表查询向导",按提示设置。

(3) 查找重复项查询向导。创建特殊的选择查询,用以在同一个表或查询中查找指定字段具有相同值的记录。

(4) 查找不匹配项查询向导。创建特殊的选择查询,在两个表中查找不匹配记录。

4．动作查询

在 Access 中将"生成表查询、追加查询、删除查询、更新查询"归结为动作查询,这几种查询都会对数据库有所改动。

(1) 生成表查询。根据查询生成新表,实现 SELECT 语句中 INTO 子句的功能。

基本操作:设计选择查询;在功能区中单击"生成表查询"按钮,弹出"生成表"对话框;在"表名称"框中输入新表名称,可保存到当前数据库或另一数据库中。

(2) 追加查询。实现 INSERT 语句添加记录功能,有两种语法:追加一条记录或追加一个查询结果。

可视化操作时,语法一通过数据表视图完成;二通过"追加查询"。

追加查询的目标表必须是当前数据库或另外数据库中已有表。

基本操作:设计选择查询;在功能区单击"追加查询"按钮,弹出"追加"对话框,在"表名称"框中输入目标表名;单击"确定"按钮,设计网格中增加"追加到"栏,用于设置查询结果字段与目标表字段的对应关系。单击"运行"按钮,执行追加。

(3) 更新查询。实现 UPDATE 语句修改表数据的功能。

基本操作:启动查询设计视图;添加欲修改的表;设置更新条件;单击功能区"查询类型"栏"更新"按钮,在设计网格中增加"更新到"栏;设置修改字段。

(4) 删除查询。实现 DELETE 语句删除表数据的功能。

基本操作:启动查询设计视图;添加欲删除数据的表;单击"查询类型"组"删除"按钮,设计网格中增加"删除"栏,包含"Where"和"From",用于删除条件设置。

5.1.4　SQL 特定查询

包括"联合查询、传递查询、数据定义查询",必须使用 SQL 语句,没有可视化方式。可先进入查询设计视图,不添加表,然后单击功能区"查询类型"栏对应的命令按钮,就进入该查询的设计窗口。

(1) 联合查询。实现"查询合并"运算。利用 SELECT 语句中提供的联合(UNION)运算,将多个表或查询的数据记录合并到一起。联合运算的完整语法如下:

[TABLE] 表1 | 查询1 UNION [ALL] [TABLE] 表2 | 查询2 [UNION …]

（2）传递查询。将查询语句发送到 ODBC(Open Database Connectivity,开放数据库互联)数据库服务器上,即位于网络上的其他数据库中。

（3）数据定义查询。使用 SQL 语句创建表,参见 5.1.2 节第 6 点。

5.2 习题

5.2.1 单项选择题

1. SQL 语言是关于(　　)的标准语言。
   A) 层次型数据库 　　　　　　B) 网状型数据库
   C) 关系型数据库 　　　　　　D) 面向对象数据库

2. 以下各项中,不是 SQL 基本功能的是(　　)。
   A) 数据库定义功能 　　　　　B) 编写数据库应用程序功能
   C) 数据库操作功能 　　　　　D) 数据库管理控制功能

3. 以下各项中,不是 SQL 特点的是(　　)。
   A) 面向问题的命令表达 　　　B) 面向集合的操作方式
   C) 所有关系型数据库都支持 　D) 以记录号作为数据的标识

4. 以下各项中,不是 SQL 操作功能的是(　　)。
   A) 查询 　　　　B) 插入 　　　　C) 更新 　　　　D) 设计窗体

5. 以下各项中,不是 Access 查询对象特点的是(　　)。
   A) 查询对象的数据与表的结构一致
   B) 数据库中保存查询对象的数据集合
   C) 查询对象的数据与基表同步
   D) 查询对象可以作为其他对象的数据源

6. 在下面的表达式运算中,运算结果是日期型的表达式是 (　　)。
   A) ♯2013/10/01♯ ＋ ♯2013-08-08♯ 　B) ♯2013/10/01♯ － ♯2013-08-08♯
   C) ♯2013/10/01♯ -10 　　　　　　　D) DATE()-♯2013-08-08♯

7. 下列表达式中运算结果为逻辑值"true"(即－1)的表达式是 (　　)。
   A) (35＞30) AND ("a" ＞"A")
   B) ("123"＞"456") AND (123＜456)
   C) (1 OR 0) AND (NOT (2＞1))
   D) (3^2＜3＊2) OR (MID("HELLO",2))＜ "Hi"

8. 在下列表达式中,运算结果为逻辑值"false"(即 0)的是 (　　)。
   A) "112"＞"85" 　　　　　　　　　B) "abc"＜＝"abcd"
   C) ♯2008-01-01♯ ＜ ♯2008-08-08♯ 　D) －125 ＜＞ INT(－125.6)

9. 表达式 "abcd"＝"ad" AND (1.5＋2)^3＞66 的运算结果为(　　)。
   A) abcd 　　　B) －1 (即 true) 　　　C) 0 (即 false) 　　　D) 出错信息

10. SQL 语言中,实现数据更新的语句是(　　　)。

    A) SELECT　　　　　　B) INSERT　　　　　　C) UPDATE　　　　　　D) DELETE

11. 下列 SQL 语句中,修改表结构的是(　　　)。

    A) ALTER　　　　　　B) CREATE　　　　　　C) DROP　　　　　　D) UPDATE

12. SQL 中,与"NOT IN"功能等价的运算符是(　　　)。

    A) =SOME　　　　　　B) <>SOME　　　　　　C) =ALL　　　　　　D) <>ALL

13. "DELETE FROM 员工 WHERE NOT 年龄>60"语句的功能是(　　　)。

    A) 删除员工表

    B) 从员工表中删除年龄大于 60 岁的数据

    C) 删除员工表的年龄字段

    D) 从员工表中删除年龄不大于 60 岁的数据

14. 下面有关 HAVING 子句的描述,错误的是(　　　)。

    A) HAVING 子句必须与 GROUP BY 子句同时使用,不能单独使用

    B) 使用 HAVING 子句的作用是为分组统计后的结果设置输出条件

    C) 使用 HAVING 子句的同时不能使用 WHERE 子句

    D) 使用 HAVING 子句的同时可以使用 WHERE 子句

15. 只有满足联接条件的记录才包含在查询结果中,这种联接为(　　　)。

    A) 左外联接　　　　　　B) 内联接　　　　　　C) 右外联接　　　　　　D) 笛卡儿积

16. 要实现对某列求最大值的统计,需要使用函数(　　　)。

    A) COUNT()　　　　　　B) MAX()　　　　　　C) MIN()　　　　　　D) AVG()

17. 在 SELECT 语句中用 ORDER BY 子句排序,以下说法中不正确的是(　　　)。

    A) 如果输出字段用 AS 重命名,则新的名称也可以用在 ORDER BY 中

    B) 默认是升序(ASC)排列

    C) 可以在 ORDER BY 中使用集函数

    D) 如要降序排序,则使用 DESC 说明

18. 在 SELECT 语句中,与表达式"成绩 NOT IN(60,100)"功能相同的表达式是(　　　)。

    A) 成绩=60 AND 成绩=100　　　　　　B) 成绩<>60 0R 成绩<>100

    C) 成绩<>60 AND 成绩<>100　　　　　　D) 成绩=60 OR 成绩=100

19. 在查询设计视图中,单击工具栏中的"总计"按钮,将增加(　　　)行。

    A) 总计行　　　　　　B) 分组行　　　　　　C) 条件行　　　　　　D) 不增加行

20. 以下关于查询叙述正确的是(　　　)。

    A) 能够实现交叉表的是结果为三列的查询

    B) 能够实现交叉表的是结果为三个部分的查询,且第三部分是前两个部分联系的值

    C) 追加查询实现了 INSERT INTO—VALUES 语句的功能

    D) 生成表查询就是生成查询对象

21. 以下不属于动作查询的是(　　　)。

    A) 交叉查询　　　　　　B) 更新查询　　　　　　C) 删除表查询　　　　　　D) 追加查询

22. 以下查询不属于特定查询的是(　　　)。

A) 联合查询   B) 传递查询   C) 数据定义查询   D) 选择查询

5.2.2 填空题

1. SQL 的英文全称是_____,是_____的标准语言。

2. SQL 基本功能包括_____、_____和_____。

3. SQL 数据操纵功能包括_____、_____、_____和_____。

4. SQL 的使用方式包括_____和_____。

5. 在 Access 数据库中命名保存查询对象,在数据库中保存的是_____,而不是_____。

6. 在查询或一般表达式中,要定义一个参数,作为参数的名称一般用_____括起来。

7. 给定字符串"奥林匹克运动会",求出"奥运会"的表达式是_____。

8. 参数 MZ 表示民族,SR 表示生日。判断输入值是否为少数民族且年龄小于 18 岁的表达式是_____。

9. 选择查询的设计视图由两个部分组成,上面部分称为_____,用于显示查询要使用的表或其他查询对象,对应 SELECT 语句的 FROM 子句;下半部分是_____,用于确定查询结果要输出的列和查询条件等。

10. 在选择查询设计视图的设计网格中,对应于 SELECT 语句输出列的栏是_____和_____,对应于 ORDER BY 子句的栏是_____。

11. 能够实现交叉表查询的结果集由三部分组成,分别对应交叉表的_____、_____和_____。

12. 生成表查询实现的是 SELECT 语句的_____子句。

13. 在查询中实现多表联接时,Access 实现的联接运算有_____、_____、_____和_____。

14. 要通过查询设计视图设计分组汇总查询,要单击工具栏的_____按钮。

15. 要实现 SELECT 查询中 DISTINCT 功能或 TOP 功能,需要设置_____中_____和_____。

16. 用 SQL 的 CREATE 语句建立表结构时,用_____子句定义表的主键,用_____子句定义表的外键和参照表。

17. 在 SELECT 语句中,表示条件表达式用 WHERE 子句,排序用_____子句,其中_____短语表示升序,_____短语表示降序。

18. 在 SELECT 语句中,需要分组统计时使用_____子句,而与之联用用来检验统计结果是否满足输出条件的子句是_____。

19. 在 SELECT 语句中,字符串匹配运算符是_____,匹配符_____表示零个或多个字符,_____表示任何一个字符。

20. 在 SELECT 语句中,定义一个范围运算的运算符是_____,检查一个属性值为空值的运算符是_____。

5.2.3 简答题

1. 简述 SQL 的基本功能与特点。

2. 简述 Access 查询对象的意义和作用。简述查询对象与表的异同。

3. 什么是表达式？其作用是什么？

4. 什么是参数？在 SQL 命令中怎样定义参数？

5. SELECT 语句中，DISTINCT 与 TOP 子句有何作用？如果在选择查询的设计视图中实现，应该如何操作？

6. LIKE 运算的作用是什么？匹配符号有哪些？

7. SELECT 语句中 HAVING 子句有何作用？一定要和 GROUP 子句联用吗？

8. 查询中什么是联接运算？有几种类型的联接运算？如何表达不同类型的联接？

9. 动作查询有哪几种？分别对应 SQL 语言的什么命令？

10. 简述交叉表的意义。

11. 保存查询对象后，能否对查询对象进行修改操作？

12. Access 有哪些特定查询？数据定义查询的作用是什么？对应哪些 SQL 语句？

5.2.4 设计操作题

1. 根据 4.2.4 节中第 1 题"教学管理"数据库的物理设计，创建数据库文件，并用 SQL 创建语句建立"学院"、"专业"、"学生"、"课程"和"成绩"表以及它们之间的关系。

2. 使用 SQL 的插入语句在上述各表中插入若干记录。

3. 写出完成以下要求的 SQL 语句和操作。

(1) 查询全部课程的课程类别信息（不重复）。

(2) 查询"湖北"籍 1995 年以前（含 1995 年）出生的学生的姓名、生日和专业。

(3) 查询"工商管理"专业所有女生的信息。

(4) 查询"学院"、"专业"、"学生"的完整数据。

(5) 查询"数据库及其应用"成绩在 80 分以上的全部学生的学号、姓名、分数。

(6) 查询平均成绩在 80 分以上的各位学生的学号、姓名和平均分。保存为查询对象，对象名"优秀学生"。

(7) 查询输出各学院开设的课程数、平均学分和总学分。

(8) 查询所选课程总学分已经达到 100 分的学生的学号、姓名及总学分数。

(9) 查询选课人数最多的课程的课程编号、课程名称。

(10) 将"实训"类课程的学分增加 1 分 。

(11) 删除没有学生选修的"专业选修"类课程数据。

4. 通过查询设计视图，交互完成以下查询操作。

(1) 查询各专业学生的人数。

(2) 进行交叉表查询。将学生的"学号"和"姓名"作为行标题，"课程名称"作为列标题，成绩作为交叉数据，生成交叉表。

(3) 删除没有学生选修的"专业选修"类课程数据。

第6章

窗 体

窗体是 Access 数据库中定义用户操作数据库系统交互界面的对象。本章介绍窗体基本知识、各类窗体的特点及创建和使用窗体的基本方法。

6.1　主要知识点

6.1.1　窗体的主要用途和类型

Access 窗体在外观上同普通 Windows 窗口,包括多种窗体元素。

1. 窗体主要用途

(1) 操作数据。用户通过窗体对表或查询的数据进行显示、浏览、输入、修改和打印等操作,这也是窗体的主要功能。

(2) 控制应用程序。通过窗体可以将数据库系统所有功能及各种数据库对象进行整合控制,使用户通过清晰、简单的界面,按照提示和导航使用所需的功能。

(3) 信息显示与交互。对于应用程序使用过程中产生的提示、警告并要求用户交互的信息,可以设计窗体实现这种交互,使程序顺利执行。

2. 窗体类型

Access 窗体有多种分类方法。根据数据的显示方式,可将窗体分为以下几类。

(1) 单页式窗体。单页式窗体也称纵栏式窗体,每页只显示表或查询的一条记录。

(2) 多页式窗体。窗体由多个选项页构成,每页只显示记录的部分数据。

(3) 表格式窗体。以表格的方式显示已经格式化的数据,一次可显示多条记录。

(4) 数据表窗体。一次显示记录源中的多个字段和记录,与表数据表视图一样。

(5) 弹出式窗体。用来显示信息或提示用户输入数据。分为模式和非模式两种。

模式窗体是总在其他窗体之上、只能到其关闭,才能操作其他窗体或对象的窗体。非模式窗体在打开后,用户仍然可以访问其他对象。

(6) 主/子窗体。在一个窗体中嵌入了另外一个窗体,"主/子"窗体主要用来显示具有一对多关系的相关表中的数据。

（7）数据透视表窗体。根据字段的排列方式和选用的计算方法汇总数据的交叉式表的显示窗体。

（8）数据透视图窗体。利用图表方式直观显示交叉汇总的信息。

（9）图表窗体。图表窗体是将数据经过一定的处理，以图表形式显示出来。

6.1.2 窗体的操作界面与视图

1. 窗体视图

窗体有6种视图，分别是设计视图、窗体视图、布局视图、数据表视图、数据透视表视图和数据透视图视图。

（1）设计视图。用于窗体的创建和修改。

（2）窗体视图。是窗体运行时的显示方式。

（3）数据表视图。以表的形式显示数据，与表对象的数据表视图基本相同。

（4）数据透视表视图。用于创建数据透视表窗体。

（5）数据透视图视图。用于创建数据透视图窗体。

（6）布局视图。布局视图是新增的一种视图，与窗体视图中的显示外观非常相似，可以直观方式修改窗体。

2. 窗体设计工具

创建窗体时，会自动打开"窗体设计工具"的上下文选项卡，在该选项卡中包括三个子选项卡，分别为"设计"、"排列"和"格式"。

（1）"设计"选项卡。用于在设计窗体时，使用其提供的控件或工具，向窗体中添加各种对象，设置窗体的主题、页眉和页脚以及切换窗体视图等。

（2）"排列"选项卡。用于设置窗体的布局，包括创建表的布局、插入对象、合并和拆分对象、移动对象、设置对象的位置和外观等。

（3）"格式"选项卡。用于设置窗体中对象的格式，包括选定对象，设置对象的字体、背景、颜色，设置数字格式等。

6.1.3 创建窗体

Access主要提供了三种创建窗体的方法：

- 自动创建窗体。
- 利用窗体向导创建窗体。
- 使用设计视图创建窗体。

1. 自动创建窗体

自动创建窗体基于单个表或查询创建窗体。当选定表或查询作为数据源后，创建的窗体将包含来自该数据源的全部字段和数据记录。

（1）使用"窗体"按钮创建窗体

基本步骤：选定单个表或查询作为数据源，在"创建"选项卡"窗体"组中单击"窗体"按钮![icon],Access 自动创建窗体,并以布局视图显示该窗体。

如果创建窗体的表与其他的表或查询具有一对多的关系,Access 将在窗体中添加一个子窗体来显示与之发生关系的数据。

（2）创建分割窗体

分割窗体将窗体分割成上下两部分,分别以两种方式显示数据。上半区域以单记录方式显示数据;下半区域以数据表方式显示数据,两种视图联接到同一数据源,保持同步。

基本步骤：选定单个表或查询作为数据源,单击"创建"|"窗体"|"其他窗体"按钮,在列表中选择"分割窗体",Access 自动创建分割窗体,并以布局视图显示该窗体。

（3）使用"多个项目"创建窗体

创建连续窗体,在该窗体内显示多条记录,记录以数据表的形式显示。

基本步骤：选定单个表或查询作为数据源,单击"创建"|"窗体"|"其他窗体"按钮,在列表中单击"多个项目",Access 自动创建分割窗体,并以布局视图显示该窗体。

（4）创建数据透视表窗体

数据透视表是一种交叉式的表,它可以按设定的方式进行计算,如求和、计数、求平均值等。因此,一般要建立具有交叉特性的查询。

基本操作步骤：选定具有交叉特性的表或查询,单击"创建"|"窗体"|"其他窗体"按钮,在下拉列表中单击"数据透视表",打开"数据透视表"设计窗格。按照屏幕提示区域进行设置。

（5）创建数据透视图窗体

数据透视图以图形方式显示数据汇总和统计结果,可以直观地反映数据汇总信息,形象表达数据的变化。

基本操作步骤：选定具有交叉特性的表或查询,选择"创建"|"窗体"|"其他窗体"下拉按钮单击,在下拉列表中单击"数据透视图",打开"数据透视图"设计窗格。在窗口内按照屏幕提示区域进行设置。

2. 使用向导创建窗体

使用窗体向导可以创建多种窗体,窗体类型可以是纵栏式、数据表和表格式等,其创建的过程基本相同。

基本步骤：选择"创建"|"窗体"|"窗体向导",打开"窗体向导"对话框。按照向导提示逐步设置即可。

3. 使用设计视图创建窗体

通过窗体的设计视图,用户可以创建任何所需的窗体,并且可对窗体或窗体元素进行编程,实现各种数据处理和程序控制功能,也可以对已经创建的窗体进行修改。

6.1.4 设计视图创建窗体

1. 窗体设计视图及其组成元素

窗体设计视图是设计窗体的工作界面,划分为不同的功能区,称为"节"。

窗体内实现相应功能的窗体元素，称为"控件"。由于多数窗体都用于数据处理，因此应为这类窗体指定数据源。

单击"创建"选项卡"窗体"组中"窗体设计"按钮 ，打开窗体设计视图。

（1）窗体的节

通常一个窗体由主体、窗体页眉/页脚和页面页眉/页脚等节构成。

默认情况下，设计视图只有主体节。右击窗体，在弹出的快捷菜单中分别选择"页面页眉/页脚"和"窗体页眉和页脚"，即可展开其他节。

"主体"节是窗体的主要部分，其构成元素主要是 Access 提供的各种控件，用于显示、修改、查看和输入信息等。每个窗体都必须包含主体节，其他部分可选。

"窗体页眉/页脚"用于设置整个窗体的页眉或页脚的内容与格式。

"页面页眉/页脚"仅出现在用于打印的窗体中。页面页眉用于设置在每张打印页的顶部需要显示的信息；页面页脚通常用于显示日期、页码、署名等信息。

（2）控件

控件是放置在窗体中的图形对象，是最常见和主要的窗体元素，主要用于实现输入数据、显示数据、执行操作等功能，如文本框、下拉列表框、命令按钮等。

所有控件显示在"窗体设计工具"选项卡下"设计"选项卡的控件组中。

（3）窗体数据源

若创建的窗体用于对表的数据进行操作，则需要为窗体添加数据源。数据源可以是一个或多个表或查询。

为窗体添加数据源的方法有两种：

- 使用"字段列表"窗口添加数据源。数据源只能是表。
- 使用"属性"窗口添加数据源。数据源可以是表，也可以是查询。

2．面向对象程序设计思想

窗体设计需要对控件或窗体编程，采用面向对象程序设计（Object-Oriented Programming，OOP）方法。面向对象程序设计由类、对象、属性、事件、方法等概念组成。

（1）对象。对象是构成程序的基本单元和运行实体。一个窗体、一个文本框、一个命令按钮等，都是对象。对象具有静态的外观特征和动态的行为。外观由它的各种属性来描述，行为则由它的事件和方法程序来表达。

（2）类。类是对象的模板和抽象，对象是类的实例。对象是具体的，类是抽象的。

（3）对象的属性。对象通过设置属性值来描绘它的外观和特征。属性值既可以在设计时通过属性对话框设置，也可以在运行时通过程序语句设置或更改。

（4）对象的事件。事件是指由用户操作或系统触发的一个特定操作。

（5）对象引用。用于指定特定对象。在 VBA 代码中，对象引用一般采取如下格式：

[<集合名!>]［<对象名>.]<属性名>｜<方法名>[<参数名表>]

其中，感叹号（!）和句点（.）是两种引用运算符。

（6）对象的方法。指事先编写好的处理对象的过程，代表对象能够执行的动作。

3．控件的类型

根据控件的用途及其与数据源的关系，可以将控件分为绑定型、非绑定型和计算型三种。有些控件具有这三种使用类型。

- 绑定型控件。与数据源的字段结合在一起使用，可更新字段值。
- 非绑定型控件。与表中字段无关联。
- 计算型控件。也是非绑定型控件，不会更新表中字段的值，但可与含有数据源字段的表达式相关联。

4．控件的基本操作

（1）向窗体中添加控件对象。基本操作步骤：在"设计"选项卡"控件"组中单击选择控件，在窗体空白处单击创建一个默认尺寸的控件对象，或者直接拖曳选中的控件，在鼠标画出的矩形区域内创建一个对象。

将数据源"字段列表"中字段直接拖曳到窗体中，可创建绑定型文本框及关联标签。

（2）设置对象的属性。选中对象，打开"属性"对话框进行设置。

（3）选中与取消选中控件。单击控件选中。选中多个控件有两种方法，一是按住 Shift 键的同时单击所有控件；二是拖动鼠标，在拖动区域内的控件被选中。

单击窗体中的空白区域取消选中。

（4）移动控件。选中控件，出现双十字图标，用鼠标拖动控件；或者把鼠标放在控件左上角的移动句柄上，待出现双十字图标，将控件拖动到指定位置。

（5）改变控件尺寸。选中控件，将鼠标指针移到控件句柄上，然后拖动鼠标。若要精确控制控件尺寸，可在控件"属性"对话框的"格式"选项卡中设置。

（6）调整对齐格式。选中所有控件，单击右键，在快捷菜单中选择"对齐"命令。

（7）调整控件之间的间距。选中所有控件，通过"排列"选项卡中"调整大小和排序"组的"大小"按钮的"间距"命令来调整。

（8）删除控件。选中控件，按 Delete 键，或单击右键，选择快捷菜单中的"删除"命令。

5．常用控件的使用

（1）标签。用于在窗体、报表中显示说明性文字，属于非绑定型控件。标签有独立标签和关联标签两种。如果不需要关联标签，可以在相关控件的属性窗口将"自动标签"属性改为"否"。

（2）文本框。用于显示、输入或编辑窗体中数据源中的数据，或显示计算结果。

文本框可以是绑定型也可以是非绑定型。绑定型文本框用来与某个字段相关联，非绑定型文本框用来显示计算结果或接收用户输入的数据。

将"字段列表"的字段放置在窗体中将创建一个绑定型文本框和关联标签。通过"控件"组可设置非绑定型文本框。

（3）组合框和列表框。列表框用于将一些数据以列表形式给出，供用户选择。组合框实际上是文本框和列表框的组合，既可以输入数据，也可以在下拉的数据列表中进行数据选择。

（4）命令按钮。用于接收用户操作命令，可使用命令按钮向导或自行创建命令按钮方式创建，自行定义命令按钮通常要对单击等事件编程。

（5）复选框、单选框、切换按钮和选项组。

复选框、单选框和切换按钮都用来表示两种状态，例如"是/否"、"真/假"等。选项组控件是一个包含这类控件的控件，由一个组框架及一组该类控件组成。选项组中的控件既可以由选项组控制也可以单独处理。选项组的框架可以和数据源的字段绑定。

6. 创建主/子窗体

一个窗体包含于另外一个窗体中，这个窗体称为子窗体，嵌入子窗体的窗体称为主窗体。使用主/子窗体通常可显示相关表或查询中的数据。

创建主/子窗体可以使用向导，也可以根据需要使用设计视图自行设计。

6.1.5　窗体整体设计与使用

在窗体设计初步完成后，可对窗体做进一步的整体设计。

1. 设置窗体的页眉和页脚

窗体页眉只出现在窗体顶部，主要用来显示窗体的标题以及说明。在多记录窗体中，窗体页眉的内容一直保持在屏幕上显示；打印时，窗体页眉显示在第一页的顶部。

窗体页脚的内容出现在窗体底部，主要用来显示每页的公共内容提示或运行其他任务的命令按钮等。打印时，窗体页脚显示在最后一页的底部。

页面页眉和页脚只在打印窗体时才显示。页面页眉用于在窗体的顶部显示标题、列标题、日期和页码等；页面页脚用于在窗体每页的底部显示页汇总、日期和页码等。

2. 设置窗体背景

窗体背景作为窗体属性之一，用来设置窗体运行时显示的窗体图案及图案显示方式。背景图案可以是 Windows 环境下各种图形格式的文件。通过窗体"属性"对话框来设置。

3. 为控件设置特殊效果

选择"窗体设计工具"选项卡中的"格式"选项卡，可以设置控件的特殊效果，如设置字体、填充背景色、字体颜色、边框颜色等。

4. 窗体的使用

设计窗体用于定制操作界面。对于用于表处理的窗体，打开窗体时底部会出现导航按钮，导航按钮用来切换记录、添加记录和筛选记录等。

（1）浏览记录。按钮 ◀◀ 、◀ 、▶ 、▶▶ 分别移动指针指向第一条、前一条、后一条、最后一条记录。

（2）添加记录。按钮 ▶＊ 添加一个空白记录用于新记录的输入。

（3）记录排序和搜索。在窗体布局视图、数据表视图和窗体视图中对记录进行排序，使用快捷菜单中的"升序"或"降序"命令。

导航条内的搜索框可用于记录搜索。在其中输入关键字即可自动定位相符的记录。

（4）删除记录。用 Delete 键或快捷菜单中的"删除记录"命令删除选中的记录。

注意，当窗体数据源为查询时，不能在窗体中进行记录的添加和删除。

6.1.6 自动启动窗体

自动启动窗体是在打开数据库文件时直接运行的窗体，该窗体一般是数据库应用系统的主控窗体，用以控制整个数据库应用系统的运行和使用。

选择"文件"选项卡进入 Backstage 视图，单击"选项"命令，在"Access 选项"对话框的"当前数据库"页选择"应用程序选项"和"应用程序标题"栏设置。

6.2 习题

6.2.1 单项选择题

1. 在窗体中，常用来设置窗体标题的区域一般是（   ）。

    A）页面页眉　　　　　　B）主体节　　　　　　C）窗体页眉　　　　　　D）窗体页脚

2. 每个窗体最多包含（   ）个节。

    A）5　　　　　　　　　B）3　　　　　　　　　C）2　　　　　　　　　D）1

3. 设置窗体结构和外观的是（   ）。

    A）控件　　　　　　　　B）标签　　　　　　　C）按钮　　　　　　　　D）属性

4. 主/子窗体通常用于显示多个表或查询中的数据，这些表或查询中的数据一般应该具有（   ）关系。

    A）关联　　　　　　　　B）一对一　　　　　　C）一对多　　　　　　　D）多对多

5. 在窗体的设计窗口中，创建绑定型控件需设置（   ）属性。

    A）输入掩码　　　　　　B）格式　　　　　　　C）标题　　　　　　　　D）控件来源

6. 窗体中用于文字说明性的控件是（   ）。

    A）组合框　　　　　　　B）列表框　　　　　　C）标签　　　　　　　　D）文本框

7. 在 Access 中，窗体可以基于（   ）来创建。

    A）宏　　　　　　　　　B）窗体　　　　　　　C）查询　　　　　　　　D）报表

8. 在 Access 的窗体中，用于输入或编辑字段数据的控件是（   ）。

    A）文本框　　　　　　　B）标签　　　　　　　C）复选框　　　　　　　D）命令按钮

9. 要改变窗体上文本框控件的数据源，应设置的属性是（   ）。

    A）记录来源　　　　　　B）控件来源　　　　　C）筛选查询　　　　　　D）默认值

10. 如果加载一个窗体，先触发的事件是（   ）。

    A）Load 事件　　　　　B）Open 事件　　　　C）Click 事件　　　　　D）DdClick 事件

11. 下列不属于 Access 窗体的视图是（   ）。

    A）设计视图　　　　　　B）窗体视图　　　　　C）版式视图　　　　　　D）数据表视图

12. 假设数据库中建立有包含"书名"、"单价"和"数量"字段的"订单"表,以该表为数据源的窗体中,有一个计算订购总金额的文本框,其控件来源为（　　　）。

    A）［单价］＊［数量］

    B）＝［单价］＊［数量］

    C）［图书订单表］!［单价］＊［图书订单表］!［数量］

    D）＝［图书订单表］!［单价］＊［图书订单表］!［数量］

13. 既可以直接输入文字,又可以从列表中选择输入项的控件是（　　　）。

    A）选项框　　　　　　B）文本框　　　　　　C）列表框　　　　　　D）组合框

14. 在窗体中（　　　）的控件用表达式作为数据来源。

    A）绑定型　　　　　　B）非绑定型　　　　　　C）计算型　　　　　　D）表达式型

15. 下面关于窗体的说法中,错误的是（　　　）。

    A）窗体是建立在表或查询基础上的

    B）窗体可以存储数据

    C）窗体中的信息和窗体的数据来源之间用控件链接

    D）窗体有多种形式,不同的窗体能完成不同的功能

16. 在窗体中,位于（　　　）中的内容在打印预览或打印时才显示。

    A）页面页眉　　　　　B）主体节　　　　　　C）窗体页眉　　　　　D）窗体页脚

17. 当窗体中内容太多,要分类组织并显示在不同页中时,可以用（　　　）控件来分页。

    A）选项卡　　　　　　B）选项组　　　　　　C）组合框　　　　　　D）文本框

18. 当窗体数据源是查询时,用户通过窗体不能完成的操作是（　　　）。

    A）筛选数据　　　　　B）显示数据　　　　　C）添加和删除数据　D）排序数据

19. 下列说法不正确的是（　　　）。

    A）对象的外观由它的各种属性来描述

    B）Access窗体控件工具中的"命令按钮"是一个对象,而放置在窗体中具体的命令按钮就是类

    C）用户通过对象的属性、事件和方法程序来处理对象

    D）类是对象的模板和抽象,对象是类的实例

20. 在窗体中不能与表或查询中"是/否"型字段绑定的控件是（　　　）。

    A）选项按钮　　　　　B）切换按钮　　　　　C）命令按钮　　　　　D）复选框

21. 若要在文本框中输入密码,并显示为"＊",应设置的属性是（　　　）。

    A）标题　　　　　　　B）密码　　　　　　　C）默认值　　　　　　D）输入掩码

22. 在窗体中要对控件中输入的数据进行合法性检查,应设置的属性是（　　　）。

    A）标题　　　　　　　B）是否有效　　　　　C）有效性规则　　　　D）默认值

23. 窗体是数据库中的一种重要的对象,用户通过窗体不能完成的操作是（　　　）。

    A）筛选数据　　　　　B）显示数据　　　　　C）输入数据　　　　　D）修改字段类型

24. 下列不属于窗体类型的是（　　　）。

    A）表格式窗体　　　　　　　　　　　　　　B）数据表式窗体

    C）报表式窗体　　　　　　　　　　　　　　D）数据透视表式窗体

25. 数据透视表窗体是以表或查询为数据源产生一个（　　　）分析表而建立的一种

窗体。

    A）Excel   B）Word   C）Access   D）DBNS

26. 新建一个窗体，默认的标题为"窗体1"，为把窗体标题改为"输入数据"，应设置窗体的（   ）。

    A）"标题"属性   B）"菜单栏"属性   C）"名称"属性   D）"工具栏"属性

27. 鼠标事件是指操作鼠标所引发的事件，下列不属于鼠标事件的是（   ）。

    A）鼠标按下   B）鼠标移动   C）鼠标释放   D）鼠标锁定

28. 在 Access 中建立了"学生"表，其中有可以存放照片的字段，在使用向导为该表创建窗体时，"照片"字段所使用的默认控件是（   ）。

    A）图像框   B）绑定对象框   C）非绑定对象框   D）列表框

29. Access 窗体中，不属于对象事件的是（   ）。

    A）获得焦点   B）更新前   C）删除   D）更改

6.2.2　填空题

1. 创建及修改窗体的工作应该在_____视图中进行。

2. 窗体是数据库中用户与应用程序之间的_____，用户可以通过窗体对数据库进行各种操作。

3. 从外观上看与数据表和查询显示数据的界面相同的窗体视图是_____窗体。

4. 组合框和列表框的主要区别是是否可以在框中_____。

5. 标签有两种，使用标签控件直接创建的是_____，自动链接到其他控件上的标签是_____。

6. 为了使窗体中的控件对齐，可以用鼠标选定这些控件，单击右键，然后在快捷菜单中选择_____命令。

7. 窗体中的数据主要来源于_____和_____。

8. "学生"表中有一个"生日"字段，创建一个窗体，将"学生"表的字段拖入到窗体中，然后再创建一个文本框，文本框中要根据"生日"文本框的数据显示该学生的年龄，应设置"控件来源"属性的表达式为_____。

9. 窗体中的窗体称为_____，通常采用_____窗体。

10. 对象的_____描述了对象的状态和特性。

6.2.3　简答题

1. 窗体的主要作用是什么？

2. 窗体由哪几部分组成？窗体各组成部分的作用是什么？

3. Access 提供了哪几种类型的窗体？

4. Access 中提供了几种不同的窗体视图？各种窗体视图的作用是什么？

5. 窗体控件工具箱中"控件向导"按钮的作用是什么？

6. 如何快速为多个控件设置同一个属性值？

7. "标签"控件的"标题"属性与"名称"属性有什么区别？各有什么作用？

8. 在面向对象程序设计中，什么是对象？什么是类？什么是对象的属性和事件？

9. 什么是绑定型控件？

10. 什么是计算型控件？哪个控件常用来作为计算型控件？在计算型控件中输入计算公式时应首先输入什么符号？

6.2.4　综合应用题

1. 在"教学管理"数据库中，使用"窗体向导"为"成绩"表创建表格式窗体。

2. 使用"设计视图"创建窗体，要求以"学生"、"成绩"表为数据源创建如图 1.6.1 所示的"学生成绩"窗体。

图 1.6.1　"学生成绩"窗体

第7章

报表

报表是 Access 数据库中用于组织、计算和汇总数据进行格式化显示和打印输出的对象。本章介绍报表的基本应用操作。

7.1 主要知识点

7.1.1 报表用途与分类

1. 报表概述

报表是 Access 数据库中用于数据输出的对象。报表可用于对数据库中的数据进行分组、计算、汇总并显示或打印输出。

与窗体相比，两者都是用户操作数据库的界面。创建窗体中所用的大多数方法，也适用于报表。窗体主要用于对于数据记录的交互式编辑或显示，而报表主要用于显示数据信息，以及对数据进行加工并以多种表现形式呈现。报表仅为显示或打印而设计。在报表中不能通过设计工具中的控件来改变表中的数据，Access 不理会用户通过报表的输入。创建报表也不能使用数据表视图。

2. 报表的分类

报表主要分为以下几种类型：纵栏式报表、表格式报表、图表报表和标签报表。

（1）纵栏式报表。一般是在一页主体节内以垂直方式显示一条或多条记录。

（2）表格式报表。以行和列的形式显示记录数据，通常一行显示一条记录、一页显示多行记录。与纵栏式报表不同，字段标题信息不在每页主体节内显示，而是在页面页眉显示。

（3）图表报表。以图表形式显示数据，可以直观地表示数据的分析和统计信息。

（4）标签报表。一种特殊类型的报表，以独立标签的形式输出或打印。

7.1.2 报表的组成与视图

1. 报表的组成

在报表设计视图中设计报表时，报表内容根据不同作用分成不同区段，称为"节"。节呈带状形式,每个节在页面上和报表中具有特定目的并按照预期顺序输出打印。

报表有 7 个节,分别是报表页眉、报表页脚、页面页眉、页面页脚、主体节、组页眉和组页脚。

(1) 报表页眉。位于报表开始,报表页眉中的任何内容只在报表的首页输出一次,主要用于报表封面、制作时间、制作单位等只需一次输出的内容。

(2) 页面页眉。定义每页页首的输出内容。通常用来显示数据的列标题。

(3) 组页眉。需要进行分组数据时,定义用于分组的信息。输出时,"组页眉/组页脚"节内的数据仅在每组开始位置显示一次。

(4) 主体。用来处理每条记录,其字段数据均需通过文本框或其他控件绑定显示。可以包含计算的字段数据。

主体是不可缺少的。根据主体内字段数据的显示位置,报表可划分为多种类型。

(5) 组页脚。主要显示分组统计数据。输出时,其数据显示在每组结束位置。

在实际操作中,组页眉和组页脚可以根据需要单独设置使用。

(6) 页面页脚。定义每页位于底部的信息,如在报表每页底部打印页码信息。

(7) 报表页脚。位于报表全部输出完毕后,可用于报表汇总及封底信息。

2. 报表视图

报表包括"设计视图"、"打印预览"、"报表视图"、"布局视图"等设计或显示界面。

(1) 设计视图。用于创建报表或更改已有报表的结构。可在设计视图中添加对象、设置对象属性。

(2) 打印预览。用于显示报表打印时的样式。

(3) 报表视图。是报表的显示视图,用于在显示器上显示报表内容。

(4) 布局视图。Access 2010 新增视图,与报表视图类似,但在布局视图中,在显示数据的同时可以调整报表设计,可以根据实际数据调整列宽和位置,可以向报表添加分组级别和汇总选项。

3. 报表设计工具

创建报表时,可以看到"报表设计工具"选项卡,包含"设计"、"排列"、"格式"、"页面设置" 4 个子选项卡。

(1) "设计"选项卡。包括"视图"、"主题"、"分组与汇总"、"控件"、"页眉/页脚"、"工具"组。

(2) "排列"选项卡。管理控件组、设置文本边距和控件边距、切换对齐网络布局功能、设置 Tab 键顺序、对齐和定位控件等。

(3) "格式"选项卡。包括"所选内容"、"字体"、"数字"、"背景"、"控件格式" 5 个组。

(4) "页面设置"选项卡。包括"页面大小"、"页面布局"组,对纸张大小、边距和方向等进行设置。

7.1.3　创建报表

有 5 种创建报表方式:"自动报表"、"空报表"、"报表向导"、"标签"和"设计视图"。

1．使用自动报表创建

设计时，先选择"表"或"查询"对象作为报表的数据源，再选择"创建"选项卡内"报表"组中的"报表"按钮，自动生成报表，并显示数据源所有字段和记录。

2．使用报表向导创建

报表向导会提示用户输入相关的数据源、字段和报表版面格式等信息，根据向导提示完成大部分报表设计基本操作。基本操作步骤如下：

（1）选择"创建"|"报表"|"报表向导"。弹出"报表向导"第一个对话框，确定数据源。数据源可以是表或查询对象。从"可用字段"列表中选择需要的报表字段。

（2）第二个对话框定义分组级别。

（3）第三个对话框指定主体记录的排序次序及汇总信息。

（4）第四个对话框选择报表的布局格式。

（5）第五个对话框定义报表标题，完成创建，并在打印预览视图中显示该报表。

3．使用标签向导创建

选定表或查询作为数据源，选择"创建"|"报表"|"标签"，根据"标签向导"进行操作即可。包括如下几步：选择标签型号或自定义标签大小；选择标签中的字体、字号、粗细和颜色；选择创建标签使用的字段；选择排序字段；为标签命名。

4．创建空报表

首先创建一个空白报表，然后将选定的数据字段添加到报表中。使用这种方法创建报表，其数据源只能是表。

5．使用设计视图创建报表

通过报表设计视图可以设计格式复杂、数据处理复杂的报表。基本操作过程如下：

（1）创建空白报表并选择数据源。

（2）添加页眉页脚。

（3）使用控件显示数据、文本和各种统计信息。

（4）设置报表排序和分组属性，设置报表和控件外观格式、大小位置和对齐方式等。

具体的报表设计步骤如下。

（1）向报表工作区添加控件。

报表中的每一个对象都使用控件。报表控件通常也分绑定型控件、非绑定型控件和计算控件三种。

绑定控件与表字段绑定在一起，用于在报表中显示表中的字段值。计算控件是建立在表达式（如函数和计算）基础上的。计算控件是非绑定控件。

用户可以在设计视图中对控件进行如下操作：创建新控件、选择控件、删除控件、移动控件、拖动控件的边界调整框调整控件大小、利用属性对话框改变控件属性，通过格式化改变控件外观，对控件增加边框和阴影效果等。

报表设计视图处理控件的方法与窗体相同。

（2）添加背景图案，使用报表"属性表"中"背景图像"属性进行设置。

（3）添加日期和时间，选择"设计"选项卡"页眉/页脚"组"日期和时间"，打开"日期和时间"对话框，通过该对话框进行设置。

此外，也可以在报表中添加一个文本框，通过设置其"控件源"属性为日期或时间的计算表达式（例如，＝Date()或＝Time()等）来显示日期与时间。

（4）添加页码，选择"设计"选项卡"页眉/页脚"组"页码"，打开"页码"对话框，通过该对话框进行设置。

（5）添加节及处理。

报表中的内容以节划分。每个节都有其特定用途，而且按照一定顺序打印。

① 添加或删除节。在设计视图中单击右键，在快捷菜单中选择"报表页眉/页脚"命令或"页面页眉/页脚"命令，即可添加或删除相关节。

"页眉"和"页脚"只能作为一对同时添加。如果不需要页眉或页脚，可以将不要的节的"可见性"属性设为"否"，或将其大小或高度属性设置为0。

② 改变页眉、页脚或其他节的大小。将鼠标放在节的底边（改变高度）或右边（改变宽度）上，上下拖动鼠标改变高度，或左右拖动鼠标改变宽度。

③ 为节或控件创建自定义颜色。用节或控件的属性表中的"前景颜色"、"背景颜色"或"边框颜色"等属性框并配合使用"颜色"对话框来进行相应属性的颜色设置。

（6）绘制线条和矩形。使用"设计"选项卡"控件"组中的"线条"、"矩形"工具添加。利用"属性表"的"格式"选项卡设置外观和样式。

（7）记录排序。若需要按照某个指定顺序来排列记录，单击"设计"选项卡内"分组与汇总"组中的"分组与排序"按钮，出现"分组、排序和汇总"面板，单击"添加排序"按钮，在弹出的"排序依据"界面中设置。

"报表向导"中设置字段排序，限制最多一次设置4个字段，并且限制排序只能是字段，不能是表达式。实际上，一个报表最多可以安排10个字段或字段表达式进行排序。

（8）记录分组。报表"分组"是按照某个字段值的相等与否划分成组来进行一些统计操作并输出统计信息。操作时，选定分组字段，在这些字段上字段值相等的记录归为同一组，字段值不等的记录归为不同组。一个报表最多可以对10个字段或表达式进行分组。在"分组、排序和汇总"面板中，单击"添加组"按钮进行操作。

在分组操作设置字段"分组形式"属性时，属性值的选择由分组字段数据类型决定。

（9）使用计算控件。计算控件的控件源是计算表达式。文本框是最常用的计算控件。

使用"控件"工具组添加一个文本框控件，在其"控件来源"属性中设置所需的计算表达式。

（10）报表统计计算。可以根据需要进行各种类型统计计算并输出显示，操作方法就是使用计算控件设置其"控件来源"为合适的统计计算表达式。

统计计算控件可放置在主体节，或"组页眉/页脚"、"报表页眉/页脚"节内。

7.1.4　创建多列报表

多列报表最常见的是标签报表。此外，也可将设计好的普通报表设置成多列报表。

基本操作步骤为：先创建普通报表，然后通过"页面设置"子选项卡进入"页面设置"对话框，在"页面设置"对话框中设置。

7.1.5 设计复杂报表

正确使用"报表属性"、"控件属性"和"节属性"。

报表属性中的常用属性为记录源、打开、关闭、打印布局、页面页眉、页面页脚、记录锁定、帮助文件等。部分属性可和宏结合。

主体等节常用的属性为强制分页、新行或新列、保持同页、可见、可以扩大、可以缩小、格式化、打印等。部分属性可和宏结合。

在报表中，添加分页符可实现报表的强制分页。

7.1.6 预览和打印报表

预览报表可显示打印页面的版面，这样可以快速查看报表打印结果的页面布局，在打印之前确认报表的正确性。打印报表是将设计好的报表直接送往选定的打印设备打印。

1．布局视图预览

通过布局视图可以快速检查报表的页面布局，并对报表布局进行调整。报表"布局视图"与"报表视图"外观一致，区别是布局视图内可以调整格式。

2．打印预览视图预览

切换到"打印预览"视图可查看打印效果。同时，显示"打印预览"上下文选项卡。

3．打印报表

报表第一次打印前，应检查页边距、页方向和其他页面设置的选项。通过"页面设置"对话框或"打印预览"视图完成。

选择"文件"选项卡单击进入 Backstage 视图，选择"打印"命令单击，弹出"打印"对话框，在"打印机"栏中，指定打印机型号。在"打印范围"栏中，指定打印页码。在"份数"栏中指定打印的份数或是否需要对其进行分页。

不启动"打印"对话框直接打印报表，使用快捷菜单"打印"命令或"快速工具栏"、"快速打印"按钮。

7.2 习题

7.2.1 单项选择题

1. 以下关于报表的定义，叙述正确的是(   )。
   A) 主要用于对数据库中的数据进行分组、计算、汇总和打印输出
   B) 主要用于对数据库中的数据进行输入、分组、汇总和打印输出

C）主要用于对数据库中的数据进行输入、计算、汇总和打印输出

D）主要用于对数据库中的数据进行输入、计算、分组和汇总

2．如果要在整个报表的最后输出信息，需要设置（　　　）。

A）页面页脚　　　　　　B）报表页脚　　　　　　C）页面页眉　　　　　　D）报表页眉

3．可作为报表记录源的是（　　　）。

A）表　　　　　　B）查询　　　　　　C）Select 语句　　　　　　D）以上都可以

4．在报表中，要计算"数学"字段的最高分，应该将控件的"控件来源"属性设置为（　　　）。

A）＝Max（[数学]）　　　B）Max（数学）　　　C）＝Max[数学]　　　D）Max（数学）

5．若要在报表每一页底部都输出信息，需要设置的是（　　　）。

A）页面页脚　　　　　　B）报表页脚　　　　　　C）页面页眉　　　　　　D）报表页眉

6．设计报表，如果要统计报表中某个字段的全部数据，应将计算表达式放在（　　　）。

A）组页眉/组页脚　　　　　　　　　　B）页面页眉/页面页脚

C）报表页眉/报表页脚　　　　　　　　D）主体

7．在报表设计的控件组中，用于修饰版面以达到更好显示效果的控件是（　　　）。

A）线条和矩形　　　　B）线条和圆形　　　　C）线条和多边形　　　　D）矩形和圆形

8．当在一个报表中列出学生三门课 a、b、c 的成绩时，若要对每位学生计算这三门课的平均成绩，只需设置新添计算控件的控制源为（　　　）。

A）＝a＋b＋c/3　　　　　　　　　　B）(a＋b＋C)/3

C）＝(a＋b＋C)/3　　　　　　　　　D）以上表达式均错

9．要实现报表的分组统计，其操作区域是（　　　）。

A）报表页眉或报表页脚区域　　　　　　B）页面页眉或页面页脚区域

C）主体区域　　　　　　　　　　　　　D）组页眉或组页脚区域

10．要显示格式为"页码/总页数"的页码，应当设置文本框控件的控件来源属性为（　　　）。

A）[Page]/[Pages]　　　　　　　　　B）＝[Page]/[Pages]

C）[Page]&"/"&[Pages]　　　　　　　D）＝[Page]&"/"&[Pages]

11．如果设置报表上某个文本框的控件来源属性为"＝7 Mod 4"，则打印预览视图中，该文本框显示的信息为（　　　）。

A）未绑定　　　　　　B）3　　　　　　C）7 Mod 4　　　　　　D）出错

12．以下叙述正确的是（　　　）。

A）报表只能输入数据　　　　　　　　B）报表只能输出数据

C）报表可以输入和输出数据　　　　　D）报表不能输入或输出数据

13．要实现报表的分组统计，其操作区域是（　　　）。

A）报表页眉或报表页脚区域　　　　　　B）页面页眉或页面页脚区域

C）主体区域　　　　　　　　　　　　　D）组页眉或组页脚区域

14．在报表设计中，以下可以做绑定型控件显示字段数据的是（　　　）。

A）文本框　　　　　　B）标签　　　　　　C）命令按钮　　　　　　D）图像

15．为用户观看和打印概括性的信息提供了最灵活的方法的是（　　　）。

A）表　　　　　　B）查询　　　　　　C）报表　　　　　　D）窗体

16．如果设置报表上某个文本框的"控件来源"属性为"＝2\3＋1"，则打开报表视图时，

该文本框显示信息为( )。

    A) 未绑定   B) 出错   C) 2\3+1   D) 1

17. 初始化文本框中显示内容为"123",应采用( )。

    A) 在其属性窗口"数据"项的"控件来源"属性位置输入"=123"内容

    B) 设计视图状态直接在文本框中输入"123"内容

    C) 在其属性窗口"数据"项的"控件来源"属性位置输入"123"内容

    D) 无法实现

18. 通过在报表中添加分页符可以实现报表在规定位置选择下一页输出。报表分页采用的方式是( )。

    A) 水平方式和垂直方式   B) 水平方式

    C) 垂直方式   D) 其他方式

19. 已知某个报表的数据源中含有名为"出生日期"的字段(日期型数据)。现在以此字段数据为基础,在报表的一个文本框控件里计算并显示输出年龄值,则该文本框的"控件来源"属性应该设置为( )。

    A) =Date( )−[出生日期]   B) =出生日期−Date( )

    C) =Year(Date())−Year([出生日期])   D) =Year(Date())−[出生日期]

7.2.2 填空题

1. 报表记录分组操作时,首先要选定_____字段,在这些字段上值_____的记录数据则会归为同一组。

2. 在报表设计中,可以通过添加_____控件来控制另起一页输出显示。

3. 报表设计中,可以通过在组页眉或组页脚中创建_____来显示记录的分组汇总数据。

4. 按照报表的显示方式和作用的不同,报表可以简单地分为4类,分别是_____、_____、_____和_____。

5. 在报表设计的众多控件属性中能够唯一标识控件的是_____属性。

6. 在 Access 中,提供了 4 种创建报表的方式,分别是 _____、_____、_____、_____。

7. Access 报表要实现排序和分组统计操作,应通过设置_____属性来进行。

8. 计算控件的控件来源属性一般设置为以_____开头的表达式。

9. 要设计出带表格线的报表,需要向报表中添加_____控件完成表格线显示。

10. 在 Access 中,用于数据输入、输出的是_____对象;只用于数据打印输出的是_____对象。

11. 报表有 7 节,它们分别是 _____、_____、_____、_____、_____、_____以及_____。

12. 在报表向导中设置字段排序,限制最多一次设置_____个字段,并且限制排序只能是_____,不能是_____。实际上,一个报表最多可以安排_____个字段或字段表达式进行排序。

13. 在按升序对字段进行排序时,如果字段中同时包含 Null 值和零长度字符串的记录,则首先显示_____,紧接着显示的是_____的记录。

14. Access 中报表的视图包括 4 种:_____、_____、_____和_____。

15. Access 的报表对象的数据源可以设置为_____、_____和_____。

16. 要在报表上显示格式为"第 × 页"的页码,则计算控件的"控件来源"应设置为_____。

17. 表格式报表与纵栏式报表不同,其记录数据的字段标题信息不是被安排在每页的主体节内显示,而是一般安排在_____节区内显示。

18. 计算控件的控件源是_____,当其值发生变化时,会重新计算结果并输出显示最常用的计算控件是_____。

19. 如果是进行分组统计并输出,则统计计算控件应该布置在_____节区内相应位置。

7.2.3 简答题

1. 什么是报表? 我们可以利用报表对数据库中的数据进行什么处理?

2. 报表与窗体的主要区别和联系是什么?

3. 报表的类型有哪些? 报表的视图类型有哪些?

4. 报表由哪些节区组成? 各自的作用是什么?

5. 创建报表的方式有哪些?

6. 如何向报表中添加日期和时间? 如何向报表中添加页码?

7. 如何对报表中的数据进行排序和分组?

8. 什么是计算控件? 报表的计算控件主要起什么作用?

9. 我们可以使用哪些工具帮助我们设计报表?

10. 自动报表和报表向导创建报表这两种方法各有什么缺点? 各自适用于什么情况?

7.2.4 综合应用题

1. 利用教学管理数据库中的"课程"表,使用自动报表功能创建纵栏式"课程信息表"报表。

2. 利用教学管理数据库中的"学院"、"专业"和"学生"表,创建一个"学院学生信息"查询,然后使用报表设计视图功能创建"学院学生信息"纵栏式报表,并对各学院的学生进行分组统计人数。

第8章 宏和模块

宏和模块是 Access 数据库中的两种对象。使用宏可以将数据库中的对象组合起来，并实现一些重复操作的自动化处理。模块对象可以实现编写程序的功能。

8.1 主要知识点

8.1.1 宏

1. 宏的定义

宏是能被自动执行的一个或一些操作的集合。在 Access 2010 中提供了 70 多种基本的宏操作，也称为宏命令。每一个宏操作都实现某种特定的功能。

2. 宏组的概念

宏组是共同存储在一个宏名下相关宏的集合。宏组中的每一个宏都相互独立，且单独执行。宏组只是对宏的一种组织方式，宏组本身不可执行。

3. 宏的创建

打开宏设计窗口，在该窗口"添加新操作"栏的宏操作列表中选择要使用的宏，然后根据所选择的操作设置相应的操作参数。

打开宏设计窗口的方法有两种：选择"创建"选项卡，在"宏与代码"组中单击"宏"按钮；或者在使用宏的窗体控件中打开其"属性"对话框，在"事件"选项卡中选择触发宏的事件（例如，单击）右边的生成器按钮 ⚬⚬⚬，打开宏窗口。

4. 条件宏的创建

对宏操作的执行设定一个条件，只有当条件满足的时候，该操作才能够被执行；否则，跳过此操作继续执行下一条操作。这就是条件宏的使用方式。

条件是一个逻辑表达式。定义条件宏的方法：先在"添加新操作"列表中选择 IF 操作，然后在 IF 后的文本框中设置条件表达式。

5. 宏对象的编辑与修改

一个宏通常包含多个操作。有时需要对宏进行编辑或修改。

（1）添加操作。打开宏对象设计窗口，直接在下面的"添加新操作"栏的列表中选择所需要的操作。当添加的操作位于两个操作之间时，则先在末尾添加该操作，再单击右侧的 ⬆ 按钮将其向上移动即可。

（2）删除操作。打开宏对象设计窗口，选定此操作行，再单击右上角的 ✖ 按钮。

（3）调整操作之间的顺序。选定要移动位置的操作行的左端，通过鼠标拖曳该行到合适的位置，松开鼠标即可。也可以通过 ⬆⬇ 按钮来实现重排宏。

（4）更改操作、操作参数和修改执行条件。

选择需要修改的宏操作栏，使其进入编辑状态，然后设置新值即可。

6. 调试宏

宏的最大特点就是可以自动执行其包含的所有操作。但是如果在运行宏的过程中发生错误，或者无法打开相关的宏对象，可能很难判断出具体是哪一个宏操作出现了问题。这时，可以依靠 Access 提供的单步执行宏功能来检查、排除错误。其操作步骤如下：

（1）在宏设计窗口中打开需要进行调试的宏对象，单击"文件"选项卡中的"单步"按钮 🔄，使其处于选定状态。

（2）单击"文件"选项卡中的"运行"按钮 ❗，弹出"单步执行宏"对话框。

（3）在"单步执行宏"对话框中包含三个按钮："单步执行"、"停止"和"继续"。单击"单步执行"按钮，用来执行显示在对话框中的操作。如果没有错误，下一个操作将会出现在对话框中。单击"停止"按钮，以停止宏的执行并关闭对话框。单击"继续"按钮，用来关闭单步执行并执行宏的未完成部分。

7. 宏的运行

执行宏的过程中，系统按照操作设置的顺序依次执行。运行宏的方法有很多种，可以直接运行宏，也可以通过窗体、报表和控件中的事件触发宏。

（1）直接运行宏。这种方法通常只用在对宏的测试中。可使用如下方法：

- 在 Access 窗口的对象导航窗格中，选择需要运行的宏对象名双击。
- 在导航窗格中选择宏，单击右键，在快捷菜单中选择"运行"命令项。
- 打开宏的设计视图，在"设计"选项卡中单击"运行"按钮 ❗。
- 在"数据库工具"选项卡中单击"运行宏"按钮，在弹出的"执行宏"对话框中选择要运行的宏名，单击"确定"按钮。

（2）在窗体或报表中加入宏。在实际应用中，通常是将窗体或者报表上的控件与某个宏建立联系，当该控件的某个事件发生时执行宏。

8. 宏组的创建和运行

宏组的创建方法和创建宏类似。但是在创建宏组时需要在宏窗口中增加"宏名"列。宏组中的每个宏都必须定义唯一的宏名。运行宏组中的宏的格式为：宏组名.宏名。

8.1.2 模块

1. 程序设计与模块简介

程序是命令的集合。编写程序的过程就是程序设计。目前主要的程序设计方法有面向过程的结构化程序设计方法和面向对象的程序设计方法。

结构化程序设计遵循自顶向下和逐步求精的思想,采用模块化方法组织程序,将一个程序划分为功能相对独立的较小的程序模块。一个模块由一个或多个过程构成,在过程内部只包括顺序、分支和循环三种程序控制结构。

面向对象程序设计方法是在结构化程序设计方法的基础上发展起来的。面向对象的程序设计以对象为核心,围绕对象展开编程。对象是属性和行为的集合体。

模块是完成特定任务的、使用VBA编写的命令代码集合。模块保存为模块对象。

模块有两种基本类型:类模块和标准模块。

(1) 类模块。含有类定义的模块,包含类的属性和方法的定义。窗体模块和报表模块都是类模块,而且它们各自与某一窗体或报表相关联。

(2) 标准模块。标准模块包含的是通用过程和常用过程,这些通用过程不与任何对象相关联,常用过程可以在数据库中的任何位置运行。

2. VBA 与 VBE 简介

VBA(VB for Application)是Microsoft Office内置的编程语言,是基于VB的简化宏语言,功能是使已有的应用程序(Word、Excel等)自动化。

VBE(VB Editor)是Microsoft Office中用来开发VBA的环境,通过在VBE中输入代码建立VBA程序,也可以在VBE中调试和编译已经存在的程序。

VBE界面中除了菜单栏、工具栏以外,还提供了属性窗口、工程管理窗口和代码窗口。通过"视图"菜单或工具栏,可以调出其他子窗口,帮助用户建立和管理应用程序。

3. 模块的创建

Access模块在VBE界面的代码窗口中编写。代码窗口提供了完整的模块代码开发和调试的环境。

一个模块由若干个过程组成。过程分为两种类型:SUB过程和Function过程。

4. VBA 编程基础

(1) 数据类型。程序设计语言事先将要处理的数据进行了分类,这就是数据类型。数据类型规定数据的取值范围、存储方式和运算方式。每个数据都要事先明确所属类型。

(2) 常量。在程序运行过程中固定不变的量,用来表示一个具体的、不变的值。常量可分为直接常量、符号常量和固有常量三种。

直接以数值或者字符串等形式来表示的量称为直接常量。数值型、货币型、布尔型、字符型或日期型等类型有直接常量,不同类型的常量其表达方法有不同规定。

定义符号来代表某个常量,即符号常量。符号常量一般要指明该常量的数据类型。

固有常量指已经预先在类库中定义好的常量,可以在宏或 VBA 代码中直接使用。

(3) 变量。程序运行过程中允许其值变化的量称为变量。

变量使用前先声明该变量的变量名和数据类型,即变量的显式声明。VBA 允许不声明变量而在程序中直接使用,默认为 Variant 数据类型。这种方式称为变量的隐式声明。

声明变量的一般方法是用 Dim 语句,语法如下:

Dim 变量名 [As 数据类型] [,变量名 [As 数据类型]…]

通过赋值语句为变量赋值,赋值语句语法如下:

[Let] 变量名 = 表达式

变量分为全程变量、局部变量和模块变量。

(4) 数组。数组是内存中连续的一片存储区域,是按一定顺序排列的一组变量。数组中的一个变量称为一个数组元素,由数组名和该元素在数组中的位置序号指定。

数组变量分为一维数组和二维数组等。VBA 不允许对数组的隐式声明。

Dim 数组名([下标下界 1 to]下标上界 1[,[下标下界 2 to]下标上界 2]) As [数据类型]

数组元素的赋值和变量的赋值方法一样。

(5) 运算符与表达式。表达式是由常量、变量、函数及运算符组成的式子。表达式按照运算规则经过运算求得结果,称为表达式的值。

运算符规定对数据的操作。不同类型数据其运算符不同。VBA 中的运算符可分为 5类:算术运算符、字符串运算符、关系运算符、逻辑运算符和日期运算符。

可在 VBE 中的"立即窗口"使用输出语句查看表达式的值,输出语句语法如下:

PRINT｜? 表达式 [,表达式,…]

(6) 函数。函数是预先编好的具有某种操作功能的模块,每一个函数都有特定的数据运算或转换功能。函数包含函数名、参数和函数值三个要素。函数的功能决定了函数的返回值。其语法格式如下:

函数名[(参数 1,[参数 2],[参数 3],…)]

VBA 提供了大量的内置函数,按照函数的功能可以分为数学函数、字符串函数、日期函数、数据类型转换函数等。

5. 模块流程控制

VBA 将结构化程序设计和面向对象的程序设计结合在一起。

结构化程序设计在一个过程内使用三种基本结构:顺序结构、分支结构、循环结构。

(1) 顺序结构。程序最基本的结构。程序执行时,按照语句的书写顺序依次执行。

(2) 分支语句与分支结构。程序根据判断的结果采取不同的流程。在 VBA 中,实现分支结构控制的语句有 If 语句和 Select Case 语句,有些情况下可以使用 IIF()函数。

(3) 循环语句与循环结构。在程序中,一部分程序代码被反复执行。具有这种特征的程序结构称为循环结构。被反复地执行的这部分程序代码叫做循环体。

VBA 中控制循环的语句有 For 语句和 Do…Loop 语句。

6．过程设计、过程调用与参数传递

将反复执行的或具有独立功能的程序编成一个子过程，使主过程与这些子过程通过调用有机地联系起来，使程序结构清晰。

（1）Sub 过程和 Function 函数的创建与调用

Sub 过程一般完成一个独立的功能。用关键字 Sub 标识其开始，用 End Sub 来结束。Function 用于用户自定义函数，有返回值，在函数体中应包含为函数名赋值的语句。Function 函数的定义及结构如下：

`[Public| Private][Static] Function 函数名([<接受参数>]) [As 数据类型]`

语句序列

`End Function`

调用一个 Sub 过程要使用调用语句，语法如下：

`[Call] 过程名([实参])`

函数的调用不使用 Call 语句，一般在表达式中调用函数。语法如下：

`函数名([实参])`

（2）过程调用中的参数传递

过程或函数常常需要接收调用者传递的数据，在定义过程或函数时要定义形式参数。与之对应，调用者向传递到形式参数的数据称为实际参数。

参数传递的方式有两种：传址方式和传值方式。

传址方式在调用时传递实际参数的地址。事实上，这样的形式参数被实际参数替换掉。

传值方式在调用时将实际参数的值传递给形式参数，之后两者不再有任何关系。

在默认情况下，过程和函数的调用都是采用传址方式。如果在定义过程或函数时，形式参数前面加上 ByVal 前缀，则表示采用传值方式传递参数。

（3）变量的作用域

根据变量定义的位置或方式的不同，它们发挥作用的范围也不同。变量可被访问的范围称为变量的作用域。在所有模块中都有效的变量为全程变量；只在当前模块中有效的为模块变量，在当前模块及所调用的下级模块中有效的变量为局部变量。

7．面向对象程序设计简介

（1）对象和对象集合。对象是构成程序的基本单元和运行实体。任何对象都具有静态的外观和动态的行为。对象的外观由各种属性值来描述，对象的行为由事件和方法程序来表达。

（2）对象的属性。对象的属性用来描述对象的静态特征。对象的属性值可以通过属性窗口来设置，也可以在程序中通过代码来实现。对象的引用要逐层进行，使用感叹号"！"为父子对象的分隔符，用对象引用符"．"来联接对象的属性或方法。

（3）对象的事件。事件是对象能够识别的动作。在类模块每一个过程的开始行都显示对象名和事件名。每个对象都设计并能够识别系统预先定义好的特定事件。

（4）对象的方法。方法是对象能够执行的动作，决定了对象能完成什么事。它是系统已经编制好的通用过程，用户能通过方法名引用它，但对其内部过程不可见。

对象方法的引用和属性的引用是一样的，都是在对象名称之后用对象引用符"."来联接具体的属性或方法。

8. VBA 程序的调试

VBA 提供了一套完整的调试工具和方法，帮助编程人员在程序的调试阶段观察程序的运行状态，准确地定位问题，从而及时地修改和完善程序。设置断点的作用是使正在运行的程序进入到中断模式。在中断模式下，程序暂停运行，编程人员可以查看此时的变量或表达式的取值是否与预期的值相符合。

8.2　习题

8.2.1　单项选择题

1. 有关宏的基本概念，以下叙述错误的是（　　）。
   A）宏是由一个或多个操作组成的集合
   B）宏可以是包含操作序列的一个宏
   C）可以为宏定义各种类型的操作
   D）由多个操作构成的宏，可以没有次序地自动执行一连串的操作

2. 使用宏组的目的是（　　）。
   A）设计出功能复杂的宏　　　　　　B）设计出包含大量操作的宏
   C）减少程序内存消耗　　　　　　　D）对多个宏进行组织和管理

3. 用于打开报表的宏命令是（　　）。
   A）openform　　　　B）openreport　　　　C）opensql　　　　D）openquery

4. 能够创建宏的设计器是（　　）。
   A）图表设计器　　　B）查询设计器　　　C）宏设计器　　　D）窗体设计器

5. 有关宏操作，下列叙述错误的是（　　）。
   A）使用宏可以启动其他应用程序
   B）宏可以是包含序列操作的一个宏
   C）宏组由若干宏组成
   D）宏的条件表达式中不能引用窗体或报表的控件值

6. 定义（　　）有利于数据库中宏对象的管理。
   A）宏　　　　　　　B）宏组　　　　　　C）宏操作　　　　D）宏定义

7. 用于使计算机发出"嘟嘟"声的宏命令是（　　）。
   A）echo　　　　　　B）msgbox　　　　　C）beep　　　　　D）restore

8. 使用（　　）方法来引用宏。

　　　A) 宏名.宏组名　　　B) 宏.宏名　　　　C) 宏组名.宏名　　　D) 宏组名.宏

9. 引用窗体控件的值,可以用的宏表达式是( )。

　　　A) Forms! 控件名! 窗体名　　　　　　　B) Forms! 窗体名! 控件名

　　　C) Forms! 控件名　　　　　　　　　　　D) Forms! 窗体名

10. 某窗体中有一个命令按钮,在窗体视图中单击此命令按钮打开另一个窗体,需要执行的宏操作是( )。

　　　A) openquery　　　　B) openreport　　　C) openwindow　　　D) openform

11. VBA 中定义符号常量可以用关键字( )。

　　　A) Const　　　　　　B) Dim　　　　　　C) Public　　　　　　D) Static

12. Sub 过程和 Function 过程最根本的区别是( )。

　　　A) Sub 过程的过程名不能返回值,而 Function 过程能通过过程名返回值

　　　B) Sub 过程可以使用 Call 语句或直接使用过程名,而 Function 过程不能

　　　C) 两种过程参数的传递方式不同

　　　D) Function 过程可以有参数,Sub 过程不能有参数

13. 定义了二维数组 A(2 to 5,5),则该数组的元素个数为( )。

　　　A) 25　　　　　　　B) 36　　　　　　　C) 20　　　　　　　D) 24

14. 已知程序段:

```
s = 0
For i = 1 to 10 step 2
  s = s + 1
  i = i * 2
Next i
```

当循环结束后,变量 i 的值为 ( )。

　　　A) 10　　　　　　　B) 11　　　　　　　C) 22　　　　　　　D) 16

15. 上题执行后,变量 s 的值为( )。

　　　A) 3　　　　　　　　B) 4　　　　　　　C) 5　　　　　　　D) 6

16. 在 VBA 代码调试过程中,能够显示出所有在当前过程中变量声明及变量值信息的是( )。

　　　A) 快速监视窗口　　B) 监视窗口　　　　C) 立即窗口　　　　D) 本地窗口

17. VBA 的逻辑值进行算术运算时, True 值被当作( )。

　　　A) 0　　　　　　　　B) −1　　　　　　　C) 1　　　　　　　D) 任意值

18. 已定义好有参函数 f(m),其中形参 m 是整型量。下面调用该函数,传递实参为 5 将返回的函数值赋给变量 t,以下正确的是( )。

　　　A) t＝f(m)　　　　B) t＝Call(m)　　　C) t＝f(5)　　　　D) t＝Callf(5)

8.2.2　填空题

1. 宏是由一个或多个_____组成的集合,其中每个_____都实现特定的功能。

2. 由多个操作构成的宏,执行时是按照_____执行的。

3. 宏中条件项是逻辑表达式,返回值只有两个:_____和_____。

4. 宏是 Access 的一个对象，其主要功能是_____。

5. 在宏中添加了某个操作之后，可以在宏设计窗口的下部设置这个操作的_____。

6. 定义_____有利于数据库中宏对象的管理。

7. 在宏中加入_____，可以控制宏在满足一定的条件时才能完成某种操作。

8. 经常使用的宏运行方法是：将宏赋予某一窗体或报表控件的_____，通过触发事件运行宏或宏组。

9. 如果要建立一个宏，希望执行该宏后，首先打开一个表，然后打开一个窗体，那么在该宏中应该使用 OpenTable 和_____两个操作命令。

10. 如果要引用宏组中的宏，采用的语法是_____。

11. 宏不能独立执行，要与能够_____宏的_____关联。当触发了事件，才会执行这个宏。

12. Beep 操作的作用是_____，Msgbox 操作的作用是_____。

13. VBA 的全称是_____。

14. 模块包含了一个声明区域和一个或多个子过程（以_____开头）或函数过程（以_____开头）。

15. 说明变量最常用的方法是使用_____结构。

16. VBA 中变量作用域分为三个层次，这三个层次是_____、_____和_____。

17. 在模块的说明区域中，用_____关键字说明的变量是模块范围的变量；而用_____或_____关键字说明的变量是属于全局范围的变量。

18. 用户定义的数据类型可以用_____关键字来说明。

19. VBA 的三种流程控制结构是顺序结构、_____和_____。

20. VBA 语言中，函数 InputBox 的功能是启动_____；_____函数的功能是显示消息信息。

21. 在 VBA 中双精度的类型标识是_____。

22. 在 VBA 中，分支结构根据_____选择执行不同的程序语句。

23. VBA 的逻辑值在表达式当中进行算术运算时，True 值被当作_____、False 值被当作_____来处理。

8.2.3　简答题

1. 什么是宏？宏的作用是什么？

2. 有几种类型的宏？宏有几种视图？

3. 宏和宏组有什么区别？

4. 运行宏有哪些方法？

5. 什么是程序设计？有几种方法？

6. 什么是常量？常量分为几种？

7. 什么是变量？如何定义一个变量？

8. 什么是数组？什么是数组元素？

9. 什么是函数的三要素？

10. 结构化程序设计的三种基本结构是什么？

11. 循环语句中有 For 语句和 Do…Loop 语句,它们的区别是什么?

12. 调用过程和调用函数有什么区别?

13. 参数传递的方式有哪些? 有什么区别?

14. 什么是对象? 如何引用对象的属性?

15. 什么是对象的方法? 方法和属性有什么不同?

8.2.4 综合题

1. 创建一个"学生信息查询"窗体,窗体包含一个组合框和一个文本框。在组合框中,用户可以选择项目的查询项,按照学号、姓名进行查询。选择特定查询项后,在文本框中输入该项的具体值,单击"查询"按钮,能够显示出相应的记录。

2. 编制一个程序模块,由用户输入一串英文字母,将字符串中的大写字母转换为小写,小写字母原样输出。如果字符串中出现非英文字符,则弹出出错消息,然后退出。

3. 创建一个窗体,用来计算矩形面积。用户在"长度"文本框(Text1)中输入矩形的长,在"宽度"文本框(Text2)中输入矩形的宽,单击"确定"按钮(Command0),在"面积"文本框(Text3)中返回计算结果。

第9章 网络数据库应用概述

基于网络环境的应用是目前最主要的数据库应用模式。本章简要介绍数据库系统的网络应用模式,重点介绍 B/S 模式和 Web 数据库的知识。

9.1 主要知识点

9.1.1 数据库系统的应用模式

随着网络技术的发展,数据库系统的应用模式从集中管理、集中应用到集中管理、分散使用,数据库作为数据库服务器为网络应用提供数据服务支持。

1. C/S 应用模式

C/S(Client/Server,客户机/服务器)模式将应用分为两个部分:客户机部分和服务器部分。客户程序是用户与数据进行交互的部件。服务器程序负责有效管理系统资源,如管理数据库。客户程序并不直接处理后台数据库上的数据,所有请求必须通过网络协议和数据库接口发送给数据库服务器,服务器处理客户所需数据,并将结果反馈给客户端。

2. B/S 应用模式

B/S(Browser/Server,浏览器/服务器)模式将数据库和 Web 相结合。组成元素有后台数据库、Web 服务器、客户端浏览器以及联接客户端和服务器之间的网络。B/S 模式本质是三层 C/S 模式结构,是对 C/S 模式应用的扩展。

第一层客户机精简到一个通用的浏览器软件,是用户与整个系统的接口。浏览器将 HTML 代码转化成图文并茂的网页。网页具备一定的交互功能。

第二层是 Web 服务器。对于客户浏览器发来的网页浏览请求,Web 服务器启动响应进程,生成 HTML 代码,嵌入处理的结果,返回给客户机的浏览器。如果客户机提交请求数据,则 Web 服务器将这个请求转化为 SQL 语句,提交给第三层的数据库服务器。数据库服务器根据请求进行数据处理,返回结果给 Web 服务器。Web 服务器将结果进行转化,以 Web 页面形式转发给客户浏览器。

B/S 模式简化了客户端,简化了系统的开发和维护,使用户操作变得更简单。目前 B/S

应用的主要网络环境是 Internet。

9.1.2 Internet 技术

Internet 是一个采用 TCP/IP 协议把各个国家、各个地区、各种机构的内部网络联接起来的数据通信网。

1. WWW 服务

WWW(World Wide Web)即万维网,简称 Web,是以超文本标记语言(HTML)与超文本传输协议(HTTP)为基础,提供 Internet 服务的信息浏览系统,以超文本方式组织网络多媒体信息,基本单位是网页。网页存放在 WWW 站点,使用浏览器访问。

(1) HTML。超文本标记语言(Hyper Text Markup Language,HTML)是制作网页的语言,通过各种标记指令,将视频、声音、图片和文字等联接起来。HTML 文件扩展名为 .html 或 .htm。HTML 网页文件主要由文件头(Head) 和文件体(Body)两部分构成。

(2) 超文本(hypertext)和超媒体(hypermedia)构成网页的内容。超文本或超媒体是指通过"超链接"(hyperlink)将多个文本或多媒体文档链接起来进行再组织。

网站是存放在网络服务器上针对某个应用或服务所需完整信息的集合。包含一个或多个网页,这些网页以超链接方式连在一起,每个网站的首页也称为主页。

(3) 超文本传输协议(Hypertext Transport Protocol,HTTP)是 WWW 的通信协议,WWW 浏览器通过 HTTP 协议将客户端请求发送到 WWW 服务器,服务器根据请求回应相关信息给客户端并在浏览器上显示。URL(Uniform Resource Locators,统一资源定位符)是 Web 页的唯一地址,一般格式为:访问协议://主机名[:端口号]/路径/文件名。

2. Web 工作原理

Web 服务器是管理 Web 页和各种 Web 文件的软件,并为提出 HTTP 请求的浏览器提供 HTTP 响应。生成网页的脚本在 Web 服务器上运行。Web 服务器上存储的 Web 页分为静态网页和动态网页。动态网页又分为客户端动态网页和服务器端动态网页。

静态 Web 页由一些 HTML 代码组成,内容明确和固定,并保存为 .htm 或 .html 文件。如果不修改,其内容将一直保持不变。

动态网页是指网页文件里包含了程序代码,通过后台数据库与 Web 服务器的信息交互,由后台数据库提供实时数据更新和数据查询服务,根据代码动态生成网页。

当前编写动态网页的技术分为两种:提供动态内容的客户端技术和服务器端技术。

3. 动态网页开发技术

动态网页开发技术如下:

(1) 客户端动态网页技术,即用于生成网页的代码是在客户端浏览器中执行的技术。用于客户端动态网页脚本编写的语言主要有 JavaScript 和 VBScript。

HTML 是基于标记的语言,同样,JavaScript 代码也要放置在特定标记里面才会起作用。这个特定的标记就是<script>,只有写在这个标记里的 JavaScript 代码才会被识别。

目前几乎所有浏览器都支持 JavaScript。VBScript 主要获得微软 IE 的支持。

（2）服务器端动态网页技术，即用于生成网页的代码是在 Web 服务器中执行的技术，目前主要包括 ASP、ASP. NET、JSP 和 PHP 等。

ASP(Active Server Page，动态服务器页面)是微软 1996 年开发的动态网页技术。ASP 网页文件的扩展名是. asp，采用脚本语言 VBScript 或 JavaScript 作为自己的开发语言，提供了一些内置对象，使服务器端脚本功能更强大。ASP 只能运行于微软的 Web 服务器 IIS 上。

ASP. NET 是继 ASP 之后推出的技术，成为目前服务器端应用程序的热门开发工具，主要有两种开发语言：VB. NET 和 C♯。

ASP 与 ASP. NET 的区别在于：ASP 是解释方式，只允许使用脚本语言；ASP. NET 采用编译技术，允许使用. NET 支持的任何语言，全部采用面向对象机制。

PHP(Personal Home Page)是一种跨平台的服务器端嵌入式脚本语言。PHP 完全免费，具有很好的移植性，可以在 Windows、UNIX 和 Linux 上正常运行，支持 IIS、Apache 等通用 Web 服务器。

JSP(Java Server Pages)是一种动态网页技术标准，JSP 页面通过在 HTML 代码中嵌入 Java 代码实现。JSP 几乎可以运行于所有的平台。

9.1.3　基于 ASP 的 Web 应用环境构建

在使用 ASP 前，应设置 Web 站点，搭建好 ASP 开发与运行环境。

1. IIS 安装及设置

ASP 以微软的 IIS(Internet Information Services)作为 Web 服务器。IIS 安装在 Windows 上。在 Windows 7 中，进入控制面板窗口，依次选择"程序"|"程序和功能"|"打开或关闭 Windows 功能"|"Internet 信息服务"进行操作，最后单击"确定"按钮。

IIS 安装好后，在控制面板窗口操作"系统和安全"|"管理工具"|"Internet 信息服务(IIS)管理器"，就进入到 IIS 管理器窗口。

系统自动创建一个默认的 Web 站点，名为 Default Web Site。IIS7 支持 ASP. NET。要使用 ASP，需要进行必要的配置。进入 ASP 配置窗口，将"启用父路径"设置为 True。

2. Web 站点配置

创建自己的站点，需要进行的设置有添加网站、进行绑定设置、设置默认文档。

9.1.4　ASP 和 Access 在网络开发中的应用

开发小型网络应用系统，微软的 AIA(ASP＋IIS＋Access)开发模式成为典型的网络开发技术组合。

1. ASP 概述

ASP 只运行于 IIS 上。ASP 文档可以包含 HTML 标记、ASP 内置对象、Active 组件和脚本语言代码。

（1）ASP 的核心就是其提供的内置对象，常用的内置对象有 Application 对象、Request 对象、Response 对象、Server 对象、Session 对象等。

（2）ActiveX 组件。ActiveX 组件就是将执行某项或一组任务的代码集成为一个独立的可调用的模块，提高程序开发的效率。常用的 Active X 组件包括 Ad Rotator、Browser Capabilities、Database Access、File Access 等，用户也可自行编制 ActiveX 组件。

（3）脚本语言（Script）是指嵌入到 Web 页中的程序代码所使用的编程语言，有 VBScript、JavaScript 等。

2. ASP 文档的创建与运行

ASP 文档对应的动态网页是保存在 Web 服务器上的文本文件，扩展名为.ASP。

ASP 文件的结构由三个部分构成：

（1）HTML 标记。使用一些固有标记来描述和显示网页的内容，每个标记由"＜"和"＞"包含起来，并且成对出现。

（2）ASP 语句。运行在服务器端的脚本代码，必须嵌入到 HTML 标记中使用。脚本代码需要与 HTML 代码区别开，脚本代码被"＜％"和"％＞"括起来。

（3）普通文本。直接显示给用户的信息。

3. 数据库的联接访问

多数动态网页是基于数据库的，访问数据库的操作都离不开数据库的联接技术。目前联接数据库采用公共访问平台，最早的数据库访问通用公共平台是 1992 年微软推出的 ODBC（Open DataBase Connectivity，开放数据库互联）。

ODBC 使用 SQL 作为访问数据的标准。按照 ODBC 体系结构，将应用分为 4 层，即应用程序、驱动程序管理器、驱动程序和数据源。

由于 ODBC 规定了统一的格式，在 ODBC 的支持下，应用程序只需要按照格式编写 SQL 命令，就可以访问任何一种数据库。

之后，微软发展了第二代数据访问技术 OLE DB（Object Linking and Embedding DataBase）。ASP 一般采用基于 ODBC 和 OLE DB 技术的数据库访问组件 ADO（Active Data Object，ActiveX 数据对象）。

ADO 是应用层的编程接口，封装并实现了 OLE DB 的所有功能，它通过 OLE DB 提供的 COM 接口访问数据，可访问各种类型的数据源，既适用于关系数据库，也适用于 Excel 电子表格、文本文件和邮件服务器等。在.NET 技术出现后，ADO 发展成为 ADO.NET，成为主要的数据库访问接口。

ADO 将联接访问数据库的大部分操作功能封装在 7 种不同的对象中。ADO 核心对象有三种：Connection、Recordset 、Command。其中，Connection 负责联接数据库，Recordset 负责存取数据表，Command 负责对数据库执行查询（Action Query）命令。

在 ASP 文档中使用 ADO 访问数据库的基本步骤如下：

（1）定义 Connection 对象，建立该对象到数据库的联接。

（2）定义 Recordset 对象，用来保存从数据库中传回的数据。该对象也可以隐含传送 SQL 命令到数据库服务器。

（3）如果需要传送 SQL 到数据库,可以定义 Command 对象。一般的 SQL 操作命令也可以通过 Recordset 对象的 OPEN 方法传递。

（4）访问完毕后,关闭并撤销网页文件到数据库的联接。

9.1.5　XML 概述及应用

可扩展标记语言 XML(eXtensible Markup Language)是目前网络上广泛采用的数据表达语言。XML 的前身为 SGML(The Standard Generalized Markup Language),而 SGML 语法太复杂,导致过于庞大,难以理解和学习,进而影响其推广与应用。XML 是简化的 SGML,作为下一代 Web 应用的数据传输和交互工具。XML 的概念从 1995 年开始。

XML 与 HTML 都源于 SGML,有许多共同点,例如相似的语法且均使用标记符等。

与 HTML 定义数据显示格式不同,XML 的目的是描述和表达数据,且 XML 要求所有的标记必须成对出现。HTML 标记不区分大小写,XML 对大小写是敏感的。

1. XML 的特点

XML 的特点如下:

（1）具有良好的格式。

（2）具有验证机制。

（3）灵活的 Web 应用。在 XML 中数据和显示格式分开设计。

（4）丰富的显示样式。XML 数据定义打印、显示排版信息主要有三种方法:用 CSS (Cascading Style Sheet)定义打印和显示排版信息,用 XSLT 转换到 HTML 进行显示和打印,用 XSLT 转换成 XSL(eXtensible Stylesheet Language)的 FO(Formatter Object) 进行显示和打印。

（5）XML 是电子数据交换(EDI)的格式。XML 是专为互联网的数据交换而设计的。

（6）便捷的数据处理。

（7）面向对象的特性。

（8）开放的标准。

（9）选择性更新。通过 XML,数据可以在选择的局部小范围内更新。

XML 的缺陷:插入和修改比较困难;当数据量很大时,效率成为很大问题;XML 文档没有数据库系统那样完善的管理功能;不同系统间存在标准统一问题。

2. XML 的作用

XML 的作用如下:

（1）XML 可以将 HTML 与数据分离。

（2）用于交换数据。通过使用 XML,可以在互不兼容的系统间交换数据。

（3）用于数据共享。XML 是纯文本格式,提供了独立于软硬件的数据共享解决方案。

（4）可用于存储数据。可将 XML 数据存储于文件或数据库之中。

3. XML 语法简介

XML 文档使用自描述方法,一个 XML 文档最基本的构成包括:声明、处理指令(可选)和元素。

4. XML 与 Access 的数据交换

XML 目前已经是数据交换的标准。用 XML 标记标识的数据与具体软件无关,因此 XML 可以作为数据交换的平台。Access 中保存的数据可以转换为 XML 格式,也可以将 XML 格式的数据导入到 Access 中。

导出表的基本操作:在数据库窗口选择表,单击右键,在弹出菜单中选择"导出"| "XML 文件"命令,弹出"导出-XML 文件"对话框,命名保存即可。

将 XML 文档导入到 Access 数据库中,使用"导入"方法。基本操作:在数据库窗口选择表,单击右键,在弹出的菜单中选择"导入"|"XML 文件"命令,或在"外部数据"选项卡的"导入并链接"组中单击"XML 文件"按钮,弹出"获取外部数据-XML 文件"对话框,根据提示执行即可。

9.1.6 Web 数据库技术应用及未来发展趋势

当今,数据库要管理的数据的复杂度和数量呈爆炸式增长,数据库的应用也在不断往深度和广度方向发展,典型代表有:

(1) 网格计算。网格是一个集成的计算机与资源环境,利用互联网把地理上广泛分布的各种网络资源连成一个逻辑整体,将它们转化为一种随处可得的、可靠的、标准的、经济的计算能力,为用户提供一体化信息和应用服务。

(2) 云数据库。随着云计算的兴起,适应云计算环境而开发的数据库应运而生。

(3) 数据挖掘。是从大量的数据中自动搜索隐藏于其中的有意义的信息的过程,广泛用于企业的决策及为用户提供针对性的服务。

(4) 大数据理论。大量新数据源的出现导致了非结构化、半结构化数据呈爆发式增长。大数据具备 4V 特征,即大量化(Volume)、多样化(Variety)、快速化(Velocity)、价值低密度化(Value),这是"大数据"的显著特征。

"大数据"对现有数据库技术提出了严峻挑战。大数据理论和应用问题也受到了各国政府和学者的普遍重视。

9.2 习题

9.2.1 单项选择题

1. 用 HTML 编写的网页文件的扩展名为(　　)。

    A).txt   B).xlsx   C).html 或者.htm   D).accdb

2. URL(Uniform Resource Locators)用来表示互联网上的各种文档,使得每个文档在整个网络范围内具有唯一的标识符,称为(　　)。

    A) 统一资源定位器   B) 网址

    C) 域名   D) IP 地址

3. 客户端动态网页脚本的编写语言主要有（　　）。

　　A）JSP　　　　　　　　　　　　　　B）PHP

　　C）ASP　　　　　　　　　　　　　　D）JavaScript 和 VBScript

4. 提供动态内容的服务器端技术主要有（　　）。

　　A）JavaScript　　　　　　　　　　　B）VBScript

　　C）HTML　　　　　　　　　　　　　D）ASP、JSP 和 PHP

5. XML 文档最基本的构成包括（　　）。

　　A）文件头　　　　　　　　　　　　　B）Head

　　C）Body　　　　　　　　　　　　　　D）声明、处理指令和元素

6. 以下不是 XML 语言的语法要求的是（　　）。

　　A）XML 标签对大小写敏感　　　　　　B）XML 必须正确地嵌套

　　C）XML 中元素的名字可以 XML 开头　D）XML 元素都需有关闭标签

7. 不是大数据 4V 特征的选项是（　　）。

　　A）大量化（Volume）　　　　　　　　B）多样化（Variety）

　　C）快速化（Velocity）　　　　　　　　D）价值高密度化（Value）

9.2.2　填空题

1. 目前，网络数据库的应用模式主要有＿＿＿＿和＿＿＿＿两种主要结构。

2. C/S 结构模式将应用系统分为两个部分：＿＿＿＿和＿＿＿＿。

3. B/S 模式是一种从传统的两层 C/S 模式发展起来的新的网络模式，其本质是三层结构 C/S 模式，包括了客户端、＿＿＿＿和＿＿＿＿。

4. WWW 即万维网，其英文全称为＿＿＿＿。

5. HTML（Hyper Text Markup Language，HTML）即＿＿＿＿，是网页制作的＿＿＿＿。

6. HTML 网页文件主要由＿＿＿＿和＿＿＿＿两部分构成。

7. 每个网站的首页也称为＿＿＿＿，即通过浏览器呈现的第一个页面，一般命名为＿＿＿＿。

8. Web 服务器上存储的 Web 页分为＿＿＿＿和＿＿＿＿。动态网页又分为＿＿＿＿和服务器端动态网页。

9. 通常情况下，JavaScript 代码在 HTML 文件中的位置有三种：＿＿＿＿、＿＿＿＿，或者在一个单独的 .js 文件中。

10. ASP 文档可以包含＿＿＿＿、ASP 内置对象、＿＿＿＿和脚本语言代码。

11. 脚本语言（Scripts）是指嵌入到 Web 页中的程序代码，所使用的＿＿＿＿称为脚本语言。按照执行方式和位置的不同，脚本分为＿＿＿＿和服务器端脚本。

12. 脚本语言是一种＿＿＿＿的语言，不需要编译，执行时由解释器负责解释。

13. ASP 直接支持的脚本语言有＿＿＿＿和＿＿＿＿。

14. ODBC 即开放数据库互联，全称为＿＿＿＿。

15. 在 ASP 文档中，ADO 核心对象主要有三种：Connection、＿＿＿＿和＿＿＿＿。

16. 在 ASP 中应用 ADO 访问 Access 数据库，可采用三种联接方法，分别是 ODBC 联

接、_____和_____。

9.2.3 简答题

1. 简述数据库应用 C/S 模式、B/S 模式的特点。

2. 简述 Web 数据库的概念。

3. 简述静态网页、客户端动态网页和服务器端动态网页的含义及特点。

4. 对比分析 ASP、PHP、JSP 三种服务端技术的主要特点。

5. 描述基于 Web 的数据库开发模式 AIA 的基本工作原理。

6. 简述 IIS 环境下 ASP 联接 Access 数据库的基本方法。

7. 编写 ASP 页面,联接"图书销售. mdb"数据库,在页面中显示"清华大学出版社"的"联系人姓名"。

8. 编写 ASP 页面,联接"图书销售. mdb"数据库,在页面中显示"2007 年 7 月 1 日"以后的"售书细目",包括售书日期、书名、数量、单价(折扣后)、总价(折扣后)、员工姓名等。

9. 什么是 XML? 简述将图书销售数据库中员工表和部门表联接后的查询导出为 XML 文档的操作方法。

10. 简述 XML 的特点。

11. 简述 XML 与 HTML 的联系和区别。

12. 什么是"大数据"? 请搜集资料总结大数据的特征,大数据的应用领域和大数据应用中的难点等问题。

9.2.4 综合设计题

试系统地阐述利用 ASP 编写动态网页访问 Access 2010 的实现过程。

第10章
数据库安全管理

本章从数据库管理的角度对 Access 安全体系结构及安全管理操作进行介绍。

10.1 主要知识点

10.1.1 Access 安全管理与信任中心

1. Access 2010 新增的安全性功能

(1) 在不启用数据库内容时也能查看数据。
(2) 更高的易用性。
(3) 信任中心。
(4) 更少的警告消息。
(5) 用于签名和分发数据库文件的新方法。
(6) 使用更强的算法来增强数据库密码功能。
(7) 新增了一个在禁用数据库时运行的宏操作子类。

2. Access 安全体系结构

Access 通过信任中心来控制用户对数据库对象的访问。Access 数据库由一组对象（表、窗体、查询、宏、报表等）构成，这些对象通常必须相互配合才能发挥功用。用户在打开.accdb 或.accde 文件时，Access 会将数据库的位置提交到信任中心。如果信任中心确定该位置受信任，则数据库将以完整功能运行。如果信任中心禁用数据库内容，则在打开数据库时将出现消息提示栏。若要启用数据库内容，可在 Access"选项"对话框中选择相应的选项。Access 将启用已禁用的内容，并重新打开具有完整功能的数据库。否则，禁用的组件将不工作。如果不启用被禁用的内容，Access 会在禁用模式下打开该数据库，而不管数据库文件格式如何。在禁用模式下，Access 会禁用一些不安全的组件和查询。

3. 信任中心

在 Access 2010 提供的信任中心可以设置数据库的安全和隐私保护功能。用户在信任中心设置受信任位置，然后将 Access 数据库放在受信任位置，这样所有 VBA 代码、宏和安全表达式都会在数据库打开时运行。用户不必在数据库打开时做出信任决定。

在信任中心可设置的其他功能包括个人信息选项、受信任的文档、加载项、ActiveX 设置、宏设置、DEP 设置、消息栏、受信任的发布者等。

10.1.2 数据库安全管理技术

1. 数据库打包、签名与分发

在创建.accdb 文件或.accde 文件后,可以将该文件打包,对该包应用数字签名,然后将签名包分发给其他用户,这些步骤的意义在于保证数据库的完整性,即打开被签名的数据库时能够确定该数据库与其被签名时是完全相同的,没有被篡改过。

数据库打包、签名与分发的具体步骤为:

(1)准备好数字证书。要对包进行签名,必须要用到数字证书。如果没有数据证书则需要创建数字证书。单击"开始"菜单,"开始"|"所有程序"|Microsoft Office|"Microsoft Office 2010 工具"|"VBA 工程的数字证书",在弹出的"创建数字证书"对话框中输入数字证书的名称,然后单击"确定"按钮即可生成数字证书。

(2)签名并发布。打开数据库文件,在"文件"选项卡上单击"保存并发布",然后在"高级"下单击"打包并签署",再选择数字证书,并为签名的数据库包选择一个输出位置,Access即可创建签名的.accdc 文件并将其放置在设定的位置。

在用户提取签名包时,如果该包没有被破坏或篡改,则可以被正常打开。但如果该签名包在打开之前被修改过,则打开时会弹出一个安全声明对话框,表明该文件已被破坏,无法打开。

2. 数据库访问密码

使用数据库密码来加密数据库时,所有其他工具都无法读取数据,并强制用户必须输入密码才能使用数据库。

需要强调的是,当为数据库文件设置密码保护时,必须事先以独占方式打开该文件。然后在"文件"选项卡上单击"信息",再单击"用密码进行加密"。随即出现"设置数据库密码"对话框,即可设置密码。

当要打开一个被加密的数据库时,会出现"要求输入密码"对话框,这时在"输入数据库密码"框中输入正确的密码,然后单击"确定"按钮,即可打开该数据库文件。

另外,如要取消数据库密码,也必须用独占方式打开该数据库,然后取消密码。如果要修改密码,用户必须先撤销密码,然后才能重新设置新的密码。

3. 数据库的压缩和修复

数据库文件在使用过程中随着数据库文件中遗留的临时对象以及磁盘"碎片"不断增加,数据库的性能会逐渐降低,打开对象的速度更慢,查询执行时间可能更长,各种操作通常需要等待更长的时间。另外,如果在数据库使用期间发生掉电、死机等故障,Access 数据库可能会受到破坏。同时,VBA 模块的不完善也可能导致数据库设计受损,例如丢失 VBA代码或无法使用窗体。因此,为了确保数据库的最佳性能,应该定期进行压缩和修复数据库操作。

　　需要注意的是，在对数据库进行压缩和修复之前应尽可能先对数据库进行备份。

　　打开数据库文件，在"文件"选项卡上单击"信息"，再单击"压缩和修复数据库"按钮，即可完成对当前文件的压缩和修复操作。用户也可以通过相应的设置使得 Access 在关闭数据库时自动进行压缩和修复操作。

4．拆分数据库

　　拆分数据库的最常见原因是要与网络上的多个用户共享数据库。如果直接将数据库存储在网络共享位置中，则在用户打开窗体、查询、宏、模块或报表时，必须通过网络将这些对象发送到使用该数据库的每个用户。如果对数据库进行拆分，则每个用户都可以拥有自己的窗体、查询、宏、模块和报表副本。因此，仅有表中的数据才需要通过网络发送。

　　拆分数据库其实是将 Access 数据库拆分成两个文件：一个文件包含表，另一个文件包含查询、窗体、报表、宏、模块和指向数据访问页的快捷方式。通过这种方式，需要访问数据的用户可以自定义自己的窗体、报表、页及其他对象，同时可以保持网络上数据源的唯一性。

　　要拆分数据库时，在"数据库工具"选项卡上的"移动数据"组中单击"访问数据库"，将启动数据库拆分器向导，按照"数据库拆分器向导"对话框的提示进行操作即可。

10.2　习题

10.2.1　单项选择题

1. Access 中签名包文件的扩展名是（　　）。
   A）.accdt　　　　B）.accdc　　　　C）.accde　　　　D）.accdb
2. 当为数据库文件设置密码时，要以（　　）方式打开文件。
   A）双击文件　　　　　　　　　B）只读
   C）独占　　　　　　　　　　　D）独占只读
3. 以下作为 Access 中设置的密码，属于强密码的扩展名是（　　）。
   A）1a2b3c　　　　B）mypsd_123　　　C）19940101；　　D）12@3;my9211
4. 以下不属于拆分数据库的原因的是（　　）。
   A）提高易用性　　　　　　　　B）增强安全性
   C）提高性能　　　　　　　　　D）降低网络数据流量
5. 不属于压缩修复数据库的原因的是（　　）。
   A）由于更新操作形成磁盘碎片　　B）由于故障引起数据库受损
   C）由于多种数据库变更引起性能下降　D）由于必须进行刷新操作

10.2.2　填空题

1. ＿＿＿＿＿是一个安全设置窗口，用于对 Access 的安全功能进行集中的设置。
2. 如果不启用被禁用的内容，Access 会在＿＿＿＿＿模式（即关闭所有可执行内容）下打开该数据库,而不管数据库文件格式如何。

3. 用户如要对文档进行数字签名,必须先创建自己的_____。

4. 拆分数据库时,数据库将被重新组织成两个文件:后端数据库和前端数据库,其中后端数据库包含_____,前端数据库则包含_____、_____和_____等所有其他数据库对象。每个用户都使用前端数据库的本地副本进行数据交互。

10.2.3 简答题

1. 在打开不受信任的数据库文件时,哪些组件会被禁用?

2. 数字证书在对数据库进行签名的过程中有什么作用?

3. 对于一个被设置了密码的数据库文件如何修改密码?

4. 在拆分数据库之前,必须注意哪些事项?

第11章

Access 与协同应用

本章从数据服务的角度对 Access 与外界应用软件的协同应用进行介绍。

11.1 主要知识点

11.1.1 Access 与 SharePoint 数据关联

SharePoint 用来建立网站,用户可以将它作为一个安全位置来存储、组织和共用信息,并且几乎可以从任何设备存取这些信息,只需要使用网页浏览器即可。

Access 作为数据的存储地与提供方,可以为 SharePoint 站点提供数据服务支持。

用户可以将数据库从 Access 迁移到 SharePoint 网站,并在 SharePoint 网站上创建列表,它们保持与数据库中的表的链接关系。迁移数据库时,Access 将创建一个新的前端应用程序,其中包含所有旧的窗体和报表,以及刚导出的新的链接表。Access 提供的"迁移到 SharePoint 网站向导"将帮助用户迁移所有表中的数据。

11.1.2 Access 与外部数据

1. 从 Access 导出数据

数据可以以不同的形式来存储,Access 提供了丰富的数据导出格式,用户可以将 Access 表中的数据或者查询结果导出并以自己想要的格式来存储。

从 Access 导出数据的一般过程为:打开要从中导出数据的数据库,在导航窗格中,选择要从中导出数据的对象(如表或查询),在"外部数据"选项卡上(如图 1.11.1 所示)选择要导出到的目标数据类型,Access 会启动"导出"向导来引导用户完成数据导出任务。

图 1.11.1 "外部数据"选项卡的"导出"组

2. 导入数据到 Access

Access 提供了两种导入外部数据的方式，即导入表和链接表。

导入表方式可以将源数据导入到当前数据库中并生成新表，也可以向已存在的表中添加记录。之后，对源数据的修改不会影响该数据库中的表。

在链接表方式下，Access 会创建一个表，它维护一个到源文件的联接。对源文件的修改会反映在链接表中，但无法从 Access 内更改源数据。

导入或链接数据的一般过程为：打开要导入或链接数据的数据库，在"外部数据"选项卡上（如图 1.11.2 所示）选择要导入或链接的数据类型，Access 会启动"获取外部数据"向导来引导用户完成数据导入任务。

图 1.11.2 "外部数据"选项卡的"导入并链接"组

11.1.3 数据库文档整理

在设计数据库的过程中需要将数据库中的表结构整理成文档，作为设计人员了解和分析数据库的材料。Access 提供的"数据库文档管理器"能够非常方便快捷地帮助数据库管理员生成关于数据库信息的 Word 文档或者其他格式文档（如 pdf 文件）。

在 Access 中打开数据库文件后，单击"数据库工具"选项卡下"分析"组中的"数据库文档管理器"按钮，即可弹出"文档管理器"窗口（如图 1.11.3 所示）。用户可以在文档管理器中选择需要整理文档信息的对象，包括表、查询、窗体、报表、宏、模块、属性、关系等，Access 即可自动生成文档。

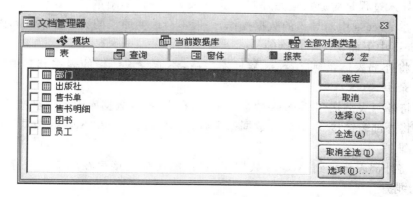

图 1.11.3 文档管理器

11.2　习题

11.2.1　单项选择题

1. Access 2010 不能从(　　)文件格式导入数据。
   A) Excel 2010 　　　　　　　　　　　　B) SQL Server 2000
   C) Oracle 　　　　　　　　　　　　　　D) Word 2010

2. Access 中讨论的外部数据是指(　　)。
   A) 存放在外存上的 Access 表文件
   B) 凡是不以 Access 数据库存储格式存储的文件
   C) 凡是不以 Access 数据库存储格式存储，在其他程序中的数据
   D) 凡是不在当前 Access 数据库中存储，在其他数据库或程序中的数据

3. Access 中下列说法不正确的是(　　)。
   A) 以链接方式使用外部数据，大大减少了数据格式的转换过程
   B) Access 在导入数据时，需要消耗时间和存储资源的成本
   C) 导入是对原数据制作一个副本，链接方式可以和其他应用程序共享数据文件
   D) 运用导入数据方式比运用链接数据方式更好

4. Access 中下面说法正确的是(　　)。
   A) 在 Access 中，只能运用链接方式使用其他应用程序中的数据
   B) 运用链接方式可以与其他应用程序共享数据文件
   C) 链接方式不能运用 Access 进行表之间的参照完整性
   D) 运用链接数据方式比运用导入数据方式好

5. Access 中下面说法正确的是(　　)。
   A) Access 的数据导入功能能够将外部数据源从物理上放进一个新的 Access 表中
   B) Access 在导入时，不转换外部数据源的格式为 Access 数据表的格式
   C) 导入过程是对原数据另外制作了一个真正一样的副本
   D) 在 Access 中对导入的数据操作，一般不会改变原来的数据源格式和内容

6. Access 中下面说法不正确的是(　　)。
   A) 将外部表链接到 Access 数据库中后，不能将被链接的表移到其他驱动器或目录中
   B) 将外部表链接到 Access 数据库中后，在 Access 数据库中不能对链接表更名
   C) 将外部表链接到 Access 数据库中后，能对被链接表在 Access 数据库中进行数据维护
   D) 将外部表链接到 Access 数据库中后，能对被链接表在原应用程序中进行数据维护

7. 关于 Access 中设置关系联接，下面说法不正确的是(　　)。
   A) 不能进行参照完整性设置
   B) 对原来表之间的联接能删除和改变

C）如果被链接的其他 Access 数据库表之间已经存在关系，它们将自动继承在其他
数据库里设定的关系

D）可以在 Access 中设置关系联接

8. 不是导入外部文件的特点的是（　　　）。

A）Access 从外部导入数据时，并不删除或破坏外部文件

B）外部数据导入后以 Access 文件格式存储

C）将外部文件的内容简单地复制到 Access 表中

D）导入的文件在 Access 数据库中可以更名

9. 导入外部数据文件时不正确的说法是（　　　）。

A）导入的数据按原数据文件的格式存储到数据库中

B）导入的数据可以存储到新表中，或存储到已存在的表中

C）只有电子表格和文本文件才可以被导入到已存在的 Access 表中

D）所有类型的数据都可以被导入到新表中

11.2.2　填空题

1. 所有 SharePoint 网站都有一些共同要素，包括 _____、_____、_____、
_____等。

2. Access 提供了两种导入外部数据的方式，即_____和_____。

3. Access 在导入数据时，自动把数据从外部数据源的格式转换为_____格式。

4. 在某些情况下，Access 可能会新建一个称为_____的表，该表包含 Access 无法成
功导入的所有数据。用户可以检查该表中的数据，以尝试找出未正确导入数据的原因。

5. Access 将其他应用程序中的数据移动到 Access 数据库中，称为_____到数据库
中。Access 将数据库表中的数据移动到其他应用程序中，称为数据库数据的_____。

6. Access 可以链接 HTML 表和文本表，但只能对其执行_____访问。

7. Access 链接了一个外部文件，在 Access 的"数据库"表窗口中就会显示相应图标，它
始于一个_____，图标的右边是_____。

8. Access 在产生链接时，如果移动或更名了外部表，则必须使用_____刷新链接。

9. 在链接文本表时，可以选择_____其中一个作为文本内容分隔成表格时的分
隔符。

10. 对链接在 Access 中的外部表可以改变它们的许多属性，设定浏览属性、表之间的
关系、_____。

11. Access 对链接的外部文件重命名时，Access _____重命名实际的原文件名，它
只在 Access 数据库的列表里使用新名称。

12. "链接表管理器"的刷新过程是由用户手动完成的，系统不会自动对重命名或移动
过的外部链接表_____。

13. 对 Access 数据库的内部表的重命名、移动等操作后，系统会_____所对应的所
有对该内部表的引用。

14. 导入表时，如导入表与数据库中某个文件名同名，Access 为了避免文件同名，在后
来导入的文件名后面_____。

15. 当向其他 Access 数据库导出对象时，另外的 Access 数据库应处在＿＿＿＿＿状态，否则，无法完成导出过程。

11.2.3　简答题

1. Access 与 SharePoint 进行数据关联有哪些实现方式？

2. 什么是外部数据？使用外部数据的方法有哪些？

3. 试说明使用其他外部数据源方法"链接"和"导入"的异同点。

4. 链接外部数据主要有哪些类型？

5. 导出数据的对象有哪些？

6. 链接表有何特点？链接表管理器的作用是什么？

7. 简述利用 Access 生成数据库信息管理文档的过程。

8. 通常在什么情况下可以利用 Word 合并功能？

9. 试说明使用链接方式时，在外部对表重命名或移动表，为什么要使用"链接表管理器"刷新，系统不会自动更新引用。

Excel的数据处理应用

Excel作为微软Office套件的组件之一,具有强大的数据处理和分析能力。许多功能是Access所不具备的。本章介绍Excel的相关数据处理功能及其应用。

12.1 主要知识点

12.1.1 Access数据库表与Excel表的特点

1. 结构化的Access数据库表

Access数据库表是一种结构化的二维表,即表的每一列都是同质的,有相同的数据类型和字段属性,需要严格定义表的结构。

2. Excel表及Excel表的结构化概念

Excel表在存储数据时可以不需要结构化处理而直接输入数据,Excel根据输入的数据类型自动处理,而没有表结构定义的要求。

在Excel表中,每一列的数据可以是相同类型的数据,也可以是不同类型的数据。

在实际应用中,大量Excel表同一列中的数据是同一类型的,这就相当于进行了部分结构化或格式化,也就从一定程度上与Access数据库表有相同点。所以,这一类Excel表可以导入到Access数据库中,以Access数据库表的形式存储。

在创建Excel表时,可使其成为"数据列表"或"数据清单"。

"数据列表"或"数据清单"指Excel工作表中包含相关数据的一个二维表区域,"数据列表"中的列称为字段,列标志(列标题)作为字段名。字段名在"数据列表"的第一行。其他的每一行为一个记录,记录是"数据列表"的数据集合。

"数据列表"中不留空行。在Excel中一个空行意味着"数据列表"的结束。

在Excel中,可以将"数据列表"当作数据库表。在执行数据库操作时,例如查询、排序或汇总数据时,Excel会自动将"数据列表"视作数据库表。

创建"数据列表"时首先就是创建"数据列表"的第一行(标题行),第一行是描述"数据列表"的描述性标签。

数据列表"列"具有同质性。同质性确保每一列中包含相同类型的信息。即每列中数据(除第一行标题外)的数据类型是一致的。

（1）使用"单元格格式"对话框结构化数据类型。

选择要结构化的列标题，单击右键，在快捷菜单中选择"设置单元格格式"，打开"单元格格式"对话框，在此对话框中选择与字段要求一致的数据类型。

对每一列单元格在输入数据前先进行数据类型结构化。

（2）使用"数据有效性"结构化数据类型。

Excel数据有效性特性在很多方面类似于条件格式特性。使用数据有效性，用户可以建立一定的规则，它规定可以向单元格中输入的数据规则。如果用户输入了一个无效的输入项，可以显示一个提示消息，提示用户输入规定范围内的有效数据。

"数据有效性"有一个应注意的问题，如果用户复制一个单元格，然后把它粘贴到一个包含数据有效性的单元格时，单元格中原来的数据有效性规则就被删除了。

① 指定有效性条件及输入信息和出错信息。

要指定单元格或区域中允许的数据类型，基本操作步骤如下：

a. 选择单元格或区域。

b. 选择"数据"|"数据工具"|"数据有效性"命令，弹出"数据有效性"对话框。

c. 选择"设置"选项卡，从"允许"下拉列表中选择选项、从"数据"下拉列表中选择设定条件。

d. 选择"输入信息"选项卡（可选设置），设定当用户选择单元格时显示的消息（或提示性信息）。

e. 选择"出错警告"选项卡（可选设置），设定当用户输入一个无效的数据时显示的出错信息。

② 无效输入数据的审核。

对单元格或区域设置了数据有效性并不意味着这些单元格不能输入无效数据，即使数据有效性起作用，用户也可能输入无效数据。如果用户设置了除"样式"为"停止"以外的样式，又输入了无效数据，可以通过Excel工具栏中提供的"公式审核"中的"圈释无效数据"来指出不符合有效性规则的那些数据。

③ 使用"数据有效性"创建下拉列表。

对数据有效性的重要应用之一就是创建下拉列表。就是选择"数据有效性"对话框中"设置"选项卡中"允许"中的"序列"来创建下拉列表。这样，在输入数据时，可通过下拉列表选择输入。

④ 使用"数据有效性"公式创建接受特定数据输入。

选择"允许"列表中的"自定义"，"数据"控件这时为不可选项，在"公式"框中输入有效性设置的公式。在"公式"编辑框中，输入计算结果为逻辑值的公式。如果公式的值为True，数据被认为是有效的并被保存在单元格中。如果公式计算值为False，会出现提示信息框，将显示在"数据有效性"对话框的"出错警告"选项卡中指定的信息。

如只接受文本的有效性设置，在"公式"编辑框中输入：

= ISTEXT(单元格或区域)

只接受比另一个单元格更大的值的有效性设置，在"公式"编辑框中输入：

= 当前单元格>比较用的单元格

⑤ 删除"数据有效性"。

如果已设置了数据有效性的单元格或区域中不再需要数据有效性,则可以删除已有数据有效性设置。方法是:打开"数据有效性"对话框,单击对话框左下角的"全部清除"命令按钮 全部清除(C) 。清除设置后,"允许"的值变为"任何值"。

12.1.2 Excel 数据处理的应用示例

Excel 是一个表格处理软件,它不仅具有数据存储的功能,而且具有很强的数据计算能力。可以利用 Access 进行数据存储和管理、程序设计、菜单定义、窗体制作等工作,而运用 Excel 对 Access 数据库中的数据进行复杂的统计或数学模型分析,大大减少用户不必要的编程。

两者结合进行数据处理的基本程序可以描述为:首先从 Access 数据库系统中将要处理的 Access 数据表导出到 Excel 表文件,然后运用 Excel 进行数据处理和分析。

1. Excel 中数据的合并统计

将多个工作表和数据合并计算存放到一个工作表中。

Excel 多个工作表在相同的单元格或单元格区域的数据性质相同,每个工作表只是数据不同。

实现合并计算的基本操作步骤如下:

(1) 在工作簿中添加一个工作表。可复制某个表的数据到该表,命名列标题,删除原汇总数据保留格式。

(2) 选中用于汇总的单元格,选择"数据"|"数据工具"|"合并计算"命令,弹出"合并计算"对话框。在该对话框中进行设置。

如果几个被合并的工作表不同,则不能采用按位置合并计算,而要采用按分类合并计算方法。

在"合并计算"功能中,不仅可以计算"求和",而且还可以合并计算"平均值"、"最大值"、"方差"等结果。

2. Excel 中数据的高级筛选

筛选数据列表是一个隐藏所有除了符合用户指定条件之外的行的过程。Excel 提供了两种筛选方法:自动筛选和高级筛选。

自动筛选方法是基本筛选方法,但遇到复杂的问题时,自动筛选功能就无法实现,需要使用高级筛选功能来完成。高级筛选功能比自动筛选功能更灵活,但使用前需要做一些准备工作。

在使用高级筛选功能前,需要建立一个条件区域,一个在工作表中遵守特定要求的指定区域。此条件区域包括 Excel 使用筛选功能筛选出的信息。此区域限定如下:

- 至少由两行组成,在第一行中必须包含有数据列表中的一些或全部字段名称。当使用计算的条件时,计算条件可以使用空的标题行。
- 条件区域的另一行或若干行必须由筛选条件构成。

尽管条件区域可以在工作表中任意位置,但最好不要设置在数据列表的行中,通常可以选择条件区域设置在数据列表的上面或下面。

Excel 的高级筛选条件规则如下:

如果筛选条件在同一行中,则同行中各条件之间是并运算,也就是说是 AND 关系。

如果筛选条件在不同行中,则不同行的各条件之间是或运算,也就是说是 OR 关系。

选择"数据"|"排序和筛选"|"高级"命令,弹出"高级筛选"对话框,在该对话框中进行设置。

3. Excel 进行市场调查、抽样和相关性分析

市场调查是市场运作中重要的一个环节,在市场调查的基础上再通过频数分析得到数据的分布趋势,然后通过对调查数据的随机抽样,将抽样数据作为总体样本再进行相关分析,从而进一步了解调查指标间的相互关系。通过这一系列的分析处理,为产品或服务的开发提供有用的决策信息。

为完成这些工作,首先利用 Excel 来创建调查表,并向调查户发放,由调查户填写。用户将填写后的调查表回馈,调查者对回收的调查表汇总,形成汇总数据表。然后再对汇总表中的数据进行频数分析和抽样相关分析。

12.2　习题

12.2.1　单项选择题

1. 以下关于 Access 表和 Excel 表说明不正确的是(　　　)。
   A) 都可以对表达的数据设置有效性条件
   B) 某列的数据都可以设置与其他列的比较规则
   C) 都可以设置主键
   D) 都可以进行汇总运算处理

2. 以下关于 Access 表和 Excel 表使用说明不正确的是(　　　)。
   A) 可以使用 Access 表存储数据,用导出 Excel 来进行数据分析处理
   B) Access 只能从 Excel 导入数据,不能链接 Excel 表
   C) Access 表有比 Excel 表更丰富的检验数据约束的方法
   D) Excel 表对数据的要求更灵活

3. 选择"允许"列表为"序列"序列时,"来源"框中序列值可以(　　　)。
   A) 是另一个工作表中指定区域的值
   B) 在"来源"框中直接输入,每个列表值之间以逗号分隔
   C) 为一个指定区域的值,区域中的可选择值与数据输入表为同一工作表
   D) 是另一个工作表中指定区域的值,这个区域有"区域名称"

4. Excel 的高级筛选条件规则描述不正确的是(　　　)。
   A) 如果筛选条件在同一行中,则同行中的各条件之间是并列关系,也就是说是AND 关系

B）如果筛选条件在不同行中，则不同行的各条件之间是或者关系，也就是说是 OR 关系

C）如果筛选条件在同行中，则同行的各条件之间是并列关系，也就是说是 AND 关系

D）筛选条件"并列"和"或者"关系不是通过"AND"和"OR"来说明的

12.2.2　填空题

1．"数据有效性"有一个应注意的风险，如果用户复制一个单元格，然后把它粘贴到一个包含数据有效性的单元格时，单元格中原来的数据有效性规则就被_____。

2．"出错警告"选项卡的设定目的是：当用户输入一个无效的数据时显示的出错信息。"出错警告"选项卡中"样式"可以有三种选择：_____、_____、_____。

3．如果"数据有效性"对话框中的"出错警告"选项卡中的"样式"设置为_____外的其他值，无效的数据也可以输入。

4．选择"允许"列表中的"自定义"时，在"公式"编辑框中，输入计算结果为_____的公式。

5．删除已有数据有效性的方法是：打开"数据有效性"对话框，单击_____命令。

12.2.3　简答题

1．数据库表与 Excel 表的异同点。

2．Excel 中数据的合并统计功能有何作用？操作步骤是什么？

3．Excel 中数据的高级筛选功能有何作用？操作步骤是什么？

4．试说明如何运用 Excel 进行市场调查、抽样和相关性分析。

第二部分

上机实验指导

Access启动、退出与基本设置

一、实验目的和要求

（1）掌握 Access 的启动、退出方法。

（2）初步熟悉 Access 界面及使用方法。

（3）对 Access 根据需要进行初步的设置。

二、实验内容

1. 启动 Access 的几种方法

按照 Windows 启动程序的方法，分别使用以下常用的三种方法启动 Access。

- 单击"开始"按钮，选择"所有程序" | Microsoft Office | Microsoft Access 2010 菜单项。
- 双击 Access 桌面快捷方式（若没有快捷方式可先创建）。
- 打开"计算机"窗口，双击要操作的 Access 数据库文件。

2. 退出 Access 的几种方法

- 单击 Access 主窗口关闭按钮 ✕。
- 选择"文件"选项卡单击，在 Backstage 视图中选择"退出"项。
- 单击 Access 主窗口左上角的图标，选择"控制菜单"中的"关闭"项。
- 按 Alt＋F4 组合键。

3. 观察并了解 Access 用户界面

用不同方式启动进入 Access，其界面有所差异。

通过"开始"按钮或桌面 Access 快捷方式启动进入 Backstage 视图；通过 Access 数据库文件关联则直接进入 Access 数据库窗口。

Access 用户界面主要由以下三个组件组成：

- 功能区。
- Backstage 视图。
- 导航窗格。

（1）观察 Backstage 视图：以不同方式进入 Backstage 视图，注意其差别。

（2）观察功能区：了解组成功能区的选项卡。

（3）观察导航窗格。各种对象的显示组合。

4. Access 选项及其设置

在 Backstage 视图中选择"选项"命令，进入 Access 选项对话框界面。在该界面中可设置默认文件夹等。

选择"当前数据库"页，如图 2.1.1 所示。在该页面可设置文档窗口显示方式、定制导航窗格等。

在"快速访问工具栏"页可定制工具栏的项目。

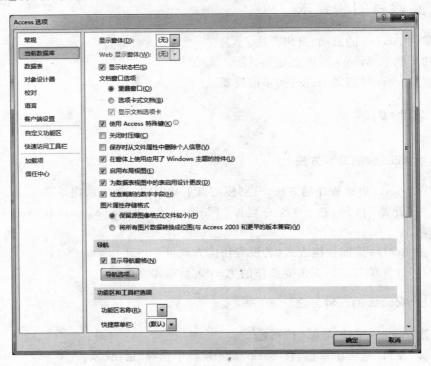

图 2.1.1　Access 选项设置窗口

三、回答问题并填写实验报告

（1）如何启动 Access？有几种方法？

（2）按键退出 Access，对应的键是什么？

（3）有几种方式可以进入 Backstage 视图？

（4）最初功能区有哪几个选项卡？

（5）如何隐藏导航窗格？

（6）更改 Access 默认文件夹怎样操作？

（7）怎样在"快速访问工具栏"中添加"复制"按钮图标？

实验 2 大学生竞赛项目管理数据库概念设计与逻辑设计

一、实验目的和要求

（1）掌握数据库设计的基本思想和方法、步骤。

（2）掌握使用 E-R 模型进行简单数据库概念设计的方法。

（3）掌握 E-R 模型转换为关系模型的方法。

二、实验内容

1. 实验用数据库系统的需求

某学校开发"大学生创新创业竞赛项目"管理系统，管理的内容包括：学院信息、专业信息、学生信息、指导教师信息、项目信息。

- 学院信息包括：学院编号、学院名称、院长、办公电话。
- 专业信息包括：专业编号、专业名称、专业类别。
- 学生信息包括：学号、姓名、性别、生日、民族、籍贯、简历、登记照。
- 教师信息包括：工号、姓名、性别、职称。
- 项目信息包括：项目编号、项目名称、项目类别、立项日期、完成年限、经费、是否完成。

其中，一个学院可以开设多个专业，一个专业只有一个学院开设；一个学生只有一个主修专业，一个专业可以有多名学生。一名教师只隶属一个学院。

一名学生可以参与多项项目，在项目中的分工分为：负责人、成员。

一个项目可以有 1 名指导教师。一名教师只能指导 1 个项目。

2. 根据以上需求，建立项目管理数据库的 E-R 模型

首先确定实体。根据分析，本数据库系统中的实体包括：学院、专业、学生、教师、项目。

其次，确定实体间的联系。

学院开设专业，是 $1:N$ 联系。

学生主修专业，是 $N:1$ 联系。

学院聘任教师，是 $1:N$ 联系。

学生参与设计项目，是 $M:N$ 联系。

教师指导项目，是 1∶1 联系。

E-R 图如图 2.2.1 所示。

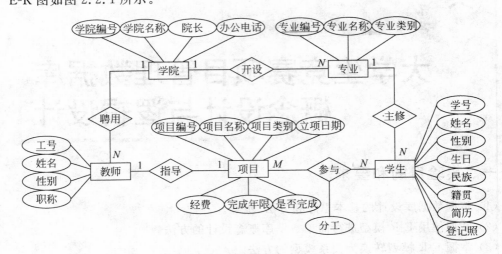

图 2.2.1　项目管理 E-R 图

3. 将 E-R 模型转换为关系模型

根据图 2.2.1 所示的 E-R 模型，得到的关系模型如下：

(1) 学院(学院编号,学院名称,院长,办公电话)。

(2) 专业(专业编号,专业名称,专业类别,学院编号)。

(3) 教师(工号,姓名,性别,职称,学院编号)。

(4) 学生(学号,姓名,性别,生日,民族,籍贯,专业编号,简历,登记照)。

(5) 项目(项目编号,项目名称,项目类别,立项日期,完成年限,经费,是否完成,工号)。

(6) 项目分工(学号,项目编号,分工)。

虽然教师和项目是 1∶1 联系，这里没有必要将其合并。

三、回答问题并填写实验报告

(1) 什么是实体？如何在需求中确定实体？

(2) 什么是实体码？它在转换为关系模型后成为关系的什么？

(3) 1∶1 联系、1∶N 联系、M∶N 联系转换为关系时是如何处理的？

(4) 在本实验中，如果允许一名教师指导多个项目，E-R 图和关系有何变化？

(5) 如果一个项目允许有 0～2 位教师指导，E-R 图和关系有何变化？

实 验 3

项目管理数据库的物理设计与创建

一、实验目的和要求

（1）掌握 Access 的数据类型。

（2）初步熟悉数据库物理设计。

（3）掌握通过设计视图创建表，理解完整性的定义。

（4）掌握关系的建立，理解关系的作用。

（5）掌握导入方式创建表。

二、实验内容

1. 根据实验 2 的逻辑设计，结合实际，完成数据库的物理设计

数据库名称：项目管理。

文件存放文件夹"E：\test"。

表包括：学院、专业、学生、教师、项目、项目分工。对应表结构如表 2.3.1～表 2.3.6 所示。

表 2.3.1　学院

字段名	类型	宽度	小数位	主键/索引	参照表	约束	Null 值
学院编号	文本型	2		↑（主）			
学院名称	文本型	16					
院长	文本型	8					√
办公电话	文本型	20					√

表 2.3.2　专业

字段名	类型	宽度	小数位	主键/索引	参照表	约束	Null 值
专业编号	文本型	4		↑（主）			
专业名称	文本型	16					
专业类别	文本型	8		↑			
学院编号	文本型	2			学院		

表 2.3.3　学生

字段名	类型	宽度	小数位	主键/索引	参照表	约束	Null 值
学号	文本型	8		↑（主）			
姓名	文本型	8					
性别	文本型	2				男或女	
生日	日期时间型						
民族	文本型	10		↑			
籍贯	文本型	40					
专业编号	文本型	4			专业		√
简历	备注型						√
登记照	OLE 对象						√

表 2.3.4　教师

字段名	类型	宽度	小数位	主键/索引	参照表	约束	Null 值
工号	文本型	6		↑（主）			
姓名	文本型	10					
性别	文本型	2				男或女	
职称	文本型	10					
学院编号	文本型	2			学院		√

表 2.3.5　项目

字段名	类型	宽度	小数位	主键/索引	参照表	约束	Null 值
项目编号	文本型	10		↑（主）			
项目名称	文本型	50					
项目类别	文本型	10					
立项日期	日期时间型						
完成年限	字节					1 或 2	
经费	货币					5000～50000	
是否完成	是/否型						
指导老师工号	文本型	6		不重复索引	教师		

表 2.3.6　项目分工

字段名	类型	宽度	小数位	主键/索引	参照表	约束	Null 值
项目编号	文本型	10		↑	项目		
学号	文本型	8		↑	学生		
分工	文本型	6				负责人、成员	

2. 创建数据库文件

在 E 盘上建立 test 文件夹。

启动 Access，进入 Backstage 视图，选择"新建"命令，在中间窗格选择"空数据库"。

单击窗口右下侧的"文件名"栏右边的文件夹浏览按钮，打开"文件新建数据库"对话框。选择 E 盘、"test"文件夹,在"文件名"栏输入"项目管理",单击"确定"按钮。

返回 Backstage 视图。单击"创建"按钮,空数据库"项目管理"建立起来了。

3. 使用表设计视图,完成学院表、专业表和其他表的创建

(1) 在上述操作后,数据库中会自动创建初始表"表 1",如图 2.3.1 所示。

单击功能区"视图"按钮的下拉按钮 ▼ ,下拉出视图切换表,选择"设计视图",弹出"另存为"对话框,如图 2.3.2 所示。输入"学院",单击"确定"按钮,新表被命名为"学院",并进入学院表的设计视图,如图 2.3.3 所示。

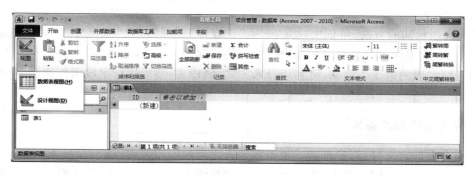

图 2.3.1 初始表界面

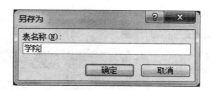

图 2.3.2 "另存为"对话框

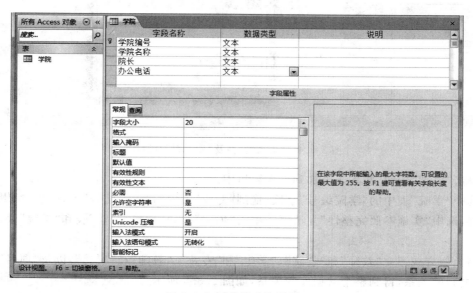

图 2.3.3 "学院表"对话框

在设计视图中,按照表的设计,依次输入字段名,选择类型,定义字段属性(将自动生成的 ID 字段删除,或将其改为"学院编号",类型改为"文本",字段长度设为2)。

定义主键。选中"学院编号"字段,单击功能区"主键"按钮,设为主键。这样,学院表就定义完毕,如图 2.3.3 所示。单击快速工具栏中的"保存"按钮保存。

(2) 创建专业表。在功能区选择"创建"选项卡,切换到"创建"选项卡。单击"表设计"按钮,Access 自动进入"表1"的设计视图,然后按照"专业"表的设计,依次定义各字段的字段名、数据类型、字段属性等。

单击快速工具栏的"保存"按钮,弹出"另存为"对话框,输入"专业",单击"确定"按钮,完成表的定义。

(3) 按照相同的方法,可依次建立"学生"、"教师"、"项目"和"项目分工"表。在定义表的过程中,注意主键、索引、有效性规则等约束的实现。

若已给定表的电子表数据,可利用导入方式,创建表,然后进行字段属性的调整(参见后续实验)。

4. 定义表之间的关系

当所有表都定义好后,通过建立关系实现表之间的引用完整性。

单击"数据库工具"选项卡,然后单击"关系"按钮，启动"关系"操作窗口。单击"显示表"按钮,弹出"显示表"对话框,在对话框中按住 Shift 键选中所有表,如图 2.3.4 所示。

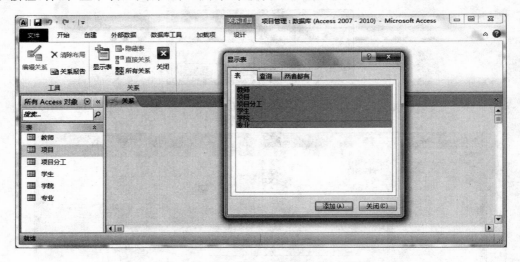

图 2.3.4　"关系"窗格及"显示表"对话框

单击"添加"按钮,将各表添加到关系窗口中。

选中"学院"表中的"学院编号"字段,拖到"专业"表内的"学院编号"上,弹出"编辑关系"对话框,选中"实施参照完整性"复选框。单击"创建"按钮,创建"专业"表和"学院"表之间的关系。

用类似方式建立"教师"和"学院"、"学生"和"专业"、"教师"和"项目",以及"项目"和"学生"表之间的关系,得到整个数据库的关系,如图 2.3.5 所示。

注意,"教师"和"项目"之间是 1:1 的联系。

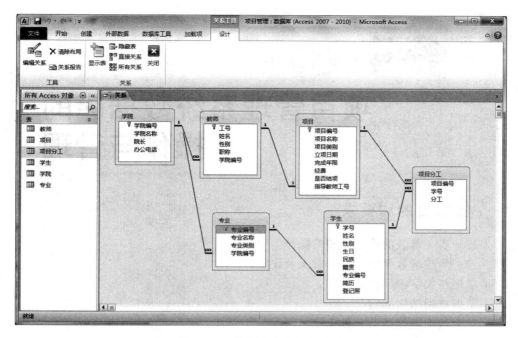

图 2.3.5　数据库表之间的关系

5．输入表记录

当一个数据库的所有表建立好后，可开始输入记录。由于表之间存在联系，输入时，应该先输入被引用数据的表记录，然后再输入引用其他表数据的表记录。这里，输入记录的依次顺序是学院表、专业表、教师表、学生表，然后是项目表，最后是项目分工表。

在对象导航窗格选中"学院"表双击，进入数据表视图，然后依次输入各条记录。

（本实验用数据参见附录 A。）

三、回答问题并填写实验报告

（1）Access 存储数据时，用到几个数据库文件？扩展名是什么？

（2）设计出数据库及表结构，分别属于数据库设计中的什么步骤？

（3）在表结构设计中，应该包含哪些内容？

（4）在本实验设计中，共使用了哪些数据类型？不同类型对宽度如何规定？

（5）定义表之间的关系时，"实施参照完整性"的意义是什么？在"编辑关系"对话框中选中或者撤销"级联更新相关字段"复选框，对于数据表的操作有何影响？

（6）建立表的关系，是否要求发生关系的两个字段必须同名？

（7）如何输入学生的照片？

实验 4

项目管理系统数据库的
操作与管理

一、实验目的和要求

(1) 进一步了解表的设计视图的操作。

(2) 进一步理解数据完整性的意义及设置。

(3) 掌握相关字段属性的设置。

(4) 掌握查阅选项的定义。

(5) 掌握数据表视图的几种操作。

二、实验内容

1. 数据完整性及有效性规则与有效性文本

数据库的完整性包括：实体完整性、参照完整性、域完整性和用户定义的完整性。

(1) 实体完整性通过定义表的主键实现。定义主键后，主键字段不允许重复取值，不允许取空值。主键可以作为外键的参照字段，实现参照完整性。

(2) 参照完整性要求外键字段取值必须与对应的主键字段一致，或者取 null 值。通过设置表之间的关系来实现参照完整性。定义关系时指定父表和子表中发生联系的字段，并设置有关检验开关。创建参照完整性后，输入、删除和修改主键值或外键值都有可能引起不一致。当数据的操作引发不一致时，Access 自动检验并拒绝引起不一致的操作。

(3) 域完整性指对单个字段取值的约束。定义数据类型、不允许取空值、创建不重复索引等都是域约束。

(4) 用户定义的完整性是指由用户规定的对于表中数据取值的约束。如输入掩码、定义有效性规则等。

如在"项目"表中，定义"经费"字段必须是 5000～50 000 元之间，则在项目表的设计视图中，选定"经费"为当前字段，在"字段"属性窗格的"有效性规则"栏中输入：

> = 5000 AND < = 50000

然后，在"有效性文本"栏中输入：项目经费不在 5000～50 000 元之间！

2. 设置格式属性与输入掩码属性

(1) 设置字段格式属性

① 要使"项目"表中的"立项日期"字段以"红色"、"中文日期"格式显示,在"项目"表设计视图中选中"立项日期"字段,然后设置"格式"字段属性值为:

yyyy\年 m\月 d\日[红色]

② 要使"项目"表中"经费"字段的显示为:"¥开头、千位逗号分隔、2 位小数、蓝色",在设计视图中选中"经费"字段,设置"格式"字段属性值为:

¥#,###.00[蓝色]

③ 要使"学院"表中"办公电话"字段的显示为:Tel 3 位区号-7 位电话号码,在"学院"表设计视图中选中"办公电话"字段,然后设置"格式"字段属性值为:

"Tel"@@@-@@@

(2)字段输入掩码设置

输入掩码可定义每一位的输入字符集,属于用户定义的约束方法。

如在"教师"表中,由于"工号"是 6 位文本,第 1 位是字母、后 5 位由 0~9 数字组成,因此可以规定每一位的输入字符集。在"教师"表设计视图中选中"工"字段,定义"输入掩码"字段属性的值为:

L00000

又如在"学院"表中,"办公电话"虽然定义为 20 位文本,但根据电话数据的设置为 3 位区号和 7 位电话号码,一共需要输入 10 位 0~9 数字。因此,可以规定每一位的输入字符集。在"学院"表设计视图中选中"办公电话"字段,定义"输入掩码"字段属性的值为:

0000000000

3. 设置查阅选项

"查阅"控件与字段绑定,可以提示字段的输入。为"项目"表的"项目类别"定义查阅控件绑定的操作如下:

进入"项目"表设计视图,选中"项目类别"字段,单击"查阅"选项卡,在"显示控件"栏中选择"列表框",在"行来源类型"栏中选择"值列表",在"行来源"栏中输入"国家级重点;国家级一般;校级",如图 2.4.1 所示。

常规 查阅		
显示控件	列表框	
行来源类型	值列表	
行来源	国家级重点;国家级一般;校级	
绑定列	1	
列数	1	控件源的数据
列标题	否	
列宽		
允许多值	否	
允许编辑值列表	否	
列表项目编辑窗体		
仅显示行来源值	否	

图 2.4.1　查阅设计

单击工具栏中的"保存"按钮，即可使用查阅列表用于输入。

4. 数据表视图下数据记录的显示与操作

（1）添加、修改、删除数据操作。

例如，进入数据表视图对教师信息进行添加、删除、修改的操作。

利用数据表视图进行记录输入操作，选择"新记录"标记 ✳，然后输入记录。输入的数据应该满足各种完整性的要求。

要修改表数据，选中要修改的记录，直接修改即可。

删除表数据，在数据表视图中左侧的"记录选定器"上选中该记录，单击右键，在快捷菜单中选择"删除记录"命令，或按 Delete 键删除记录。

无论添加、修改还是删除记录，不符合完整性约束的操作都会被拒绝。

（2）数据表视图中的设置。

数据表视图是浏览表中数据的界面，可以做不同的设置，以获得不同的效果。

① 数据表视图中父子表的展开。

进入"学院"表数据表视图。若需要展开"信息学院"记录的子表，单击记录左端的"＋"号。由于"学院"表的子表有两个，因此会弹出"插入子数据表"对话框。在其中选中"教师"表。由于"教师"表有"项目"表的子表，可以进一步单击有关教师的子表展开器"＋"，这样又展开了下一层子表，如图 2.4.2 所示。

图 2.4.2　学院表数据表视图中子表的展开操作

② 按照指定的字段排序浏览。

在"项目"数据表视图中，若按照"经费"的大小排列，选中"经费"字段，然后单击"降序"按钮 ，数据即重新排列显示。

③ 在学生表中只显示女生数据记录。

在"学生"表数据表视图中，单击"性别"字段，选择"筛选器"按钮，在"性别"字段上拉出命令列表，在"文本筛选器"下勾选"女"，单击"确定"按钮，如图 2.4.3 所示。这时，显示的都是女生信息。

若要取消筛选，单击"切换筛选"按钮即可。

图 2.4.3　"按窗体筛选"窗口

三、回答问题并填写实验报告

（1）定义表时，设置"有效性文本"字段属性有何作用？

（2）在定义"文本"型字段格式时，"@"符号与"&"符号作为占位符有何区别？在定义"数字"型字段格式时，"#"符号与"0"符号作为占位符有何区别？

（3）在定义"日期/时间"型字段格式时，一个 m 或 d 与两位的 mm 或 dd 在使用时有何区别？用"\"符号的作用是什么？若设计格式为"dddddd[红色]"，有何区别？

（4）定义"输入掩码"属性的实质意义是什么？在定义"学号"字段的输入掩码时，不使用"0"而使用"9"或"#"有何区别？

（5）可以采用查阅方法输入的字段类型有哪些？绑定查阅列表框控件进行输入，如果不单击其中的值，而是输入不同的值，是否可以输入？如果一定要使输入的值限定在列表框的值的范围内，应该如何实现？

（6）若为"专业"表的"学院编号"字段设计"查阅"控件。数据从"学院"表中来，显示"学院编号"和"学院名称"两列数据，采用列表框。写出设计过程。

（7）在数据表浏览展开子表时，可以最多展开多少层子表？若要同时展开每条记录的的子表，应该如何操作？

实验 5

SQL 视图中表达式的练习

一、实验目的和要求

（1）掌握 Access 表达式的基本概念。

（2）了解不同类型数据的常量、参数、运算与函数的使用。

二、实验内容

1. 进入 SQL 视图及在不同视图间切换

在 Access 中打开"项目管理"数据库。

单击"创建"选项卡"查询"组"查询设计"按钮，弹出查询设计窗口及"显示表"对话框。关闭"显示表"对话框，单击"设计"选项卡"结果"组"SQL 视图"按钮，进入"SQL 视图"。

在 SQL 视图输入 SQL 命令并单击"运行"按钮，就可以查看运行结果。如果需要在不同的视图之间切换，可选择"视图"的下拉按钮，则拉出所有视图列表，用户可在其中选择切换，如图 2.5.1 所示。

2. 不同类型数据的表达式运算

在 SQL 视图中分别输入以下命令，分别进入数据表视图查看结果。

```
SELECT - 5.12 ^ 2 + (17 mod 3);
SELECT "Hello " + ",World!",TRIM(" 清华大学 "),LEFT("清华大学出版社",2) + RIGHT("清华大学出版社",3);
SELECT "你毕业的年份是", VAL(LEFT([你的学号],2)) + 4;
SELECT "现在是" + STR(YEAR(DATE())) + "年","现在是" + STR(MONTH(DATE())) + "月","现在的时间是:" + CSTR(TIME()),"今天是星期" + STR(WEEKDAY(DATE()));
SELECT "张三">"李四","ABCD"<"abcd",(DATE() - #1992 - 10 - 8#)>1000;
```

图 2.5.1　视图按钮

三、回答问题并填写实验报告

（1）有哪几种方式可进入"SQL 视图"？如果用"记事本"编写了 SQL 语句，是否可以在 SQL 视图中使用？如何操作？

（2）写出本实验中各表达式运算的结果，体会运算的意义。对于参数自己输入数据。

（3）为什么不能在数字常量前加"￥"或"＄"符号表示币值常量？"￥"或"＄"有何作用？

实验 6

使用SQL命令进行查询和操作

一、实验目的和要求

（1）掌握 SQL 语言中 SELECT 语句的主要应用。
（2）掌握 SQL 的插入、更新、删除操作命令的基本应用。
（3）了解 SQL 定义数据表的基本方法。
（4）理解查询对象的意义和建立方法。

二、实验内容

1. 练习 SQL 查询的 SELECT 语句

进入项目管理数据库窗口，进入 SQL 视图。
在"SQL 视图"中输入以下 SELECT 命令，查看执行结果，并仔细体会查询的实现。
（1）查询"学院"、"专业"、"学生"完整数据。

```
SELECT *
  FROM ((学院 INNER JOIN 专业 ON 学院.学院编号 = 专业.学院编号)
              INNER JOIN 学生 ON 专业.专业编号 = 学生.专业编号);
```

（2）查询"工商管理"专业所有女生的信息。

```
SELECT 专业名称,学生.*
  FROM 专业 INNER JOIN 学生 ON 专业.专业编号 = 学生.专业编号
  WHERE 专业.专业名称 = "工商管理" AND 学生.性别 = "女";
```

（3）查询作为"项目负责人"的学生的学号、姓名、性别。保存为"负责人"查询。

```
SELECT 学生.学号,姓名,性别
  FROM 学生 INNER JOIN 项目分工 ON 学生.学号 = 项目分工.学号
  WHERE 分工 = "负责人";
```

单击"保存"按钮，弹出"另存为"对话框，输入"负责人"，单击"确定"按钮。
（4）查询没有参与项目的学生学号、姓名、专业名称。

```
SELECT 学号,姓名,专业名称
  FROM 学生 INNER JOIN 专业 ON 学生.专业编号 = 专业.专业编号
  WHERE 学号 NOT IN (SELECT 学号 FROM 项目分工);
```

（5）查询参与项目超过 1 项的学生学号、姓名和参与项目数。

```
SELECT 学生.学号,姓名,COUNT( * )
    FROM 学生 INNER JOIN 项目分工 ON 学生.学号 = 项目分工.学号
    GROUP BY 学生.学号,姓名
    HAVING COUNT( * )>1;
```

（6）查询参与项目最多的学生学号、姓名和参与项目数。

```
SELECT TOP 1 学生.学号,姓名,COUNT( * ) AS 参与项目数
    FROM 学生 INNER JOIN 项目分工 ON 学生.学号 = 项目分工.学号
    GROUP BY 学生.学号,姓名
    ORDER BY COUNT( * ) DESC ;
```

（7）查询与农村或农业有关的项目及负责人姓名。

```
SELECT 项目. * ,姓名
    FROM (学生 INNER JOIN 项目分工 ON 学生.学号 = 项目分工.学号)
         INNER JOIN 项目 ON 项目.项目编号 = 项目分工.项目编号
    WHERE 分工 = "负责人" AND (项目名称 LIKE " * 农业 * " OR 项目名称 LIKE " * 农村 * ");
```

2. 练习 SQL 的创建表、插入、更新、删除操作命令

（1）在教师表中添加一个新教工信息，数据如下所示：

```
INSERT INTO 教师 VALUES("Z09031","杨飞","男","讲师","09");
```

（2）将"校级"项目的经费增加 1000 元：

```
UPDATE 项目
    SET 经费 = 经费 + 1000 WHERE 项目类别 = "校级";
```

（3）创建"已结项项目"表，包括：项目编号、项目名称、项目类别、指导教师工号、负责人学号。

```
CREATE TABLE 已结项项目
(项目编号 TEXT(10) PRIMARY KEY,
 项目名称 TEXT(60) NOT NULL,
 指导教师工号 TEXT(8) REFERENCES 教师(工号),
 负责人学号 TEXT(8) REFERENCES 学生(学号) );
```

（4）将已结项的项目转入"已结项项目"表，然后删除"已结项"的项目数据。
先执行下列语句：

```
INSERT INTO 已结项项目(项目编号,项目名称,指导教师工号,负责人学号)
SELECT 项目.项目编号,项目名称,指导教师工号,学号
    FROM 项目 INNER JOIN 项目分工 ON 项目.项目编号 = 项目分工.项目编号
    WHERE 分工 = "负责人" AND 是否结项;
```

然后执行下列语句：

```
DELETE FROM 项目
WHERE 是否结项;
```

三、回答问题并填写实验报告

（1）不命名保存查询，与将查询保存为查询对象有何区别？查询对象有什么作用？

（2）上述实验中，插入"已结项项目"表的命令是否可以省略字段列表？为什么？

（3）删除"已结项项目"的命令的条件为什么没有比较对象？

实验 7

选择查询操作

一、实验目的和要求

（1）理解 Access 选择查询的意义和类别。
（2）掌握一般选择查询的操作应用。
（3）理解并掌握交叉查询的应用。
（4）理解参数查询的意义。

二、实验内容

1. 进入查询设计视图进行交互式选择查询设置

进入项目管理数据库窗口，然后进入设计视图。

（1）查询"专业"表，显示开设的所有专业涉及的学科门类。

通过"显示表"对话框将"专业"表加入设计视图。在设计网格中"字段"栏选择"专业类别"字段并勾选"显示"栏。因为该字段的值有重复，因此进入"属性表"对话框，选择"唯一值"属性值"是"。

（2）查询所有专业涉及的学科门类，以及每个学科门类开设的专业数，并仅显示开设专业数为两个以上的学科门类及其专业数信息，显示信息为专业类别、专业数。

通过"显示表"对话框将"专业"表加入设计视图。在设计网格中"字段"栏选择"专业类别"和"专业编号"字段并勾选"显示"栏。然后单击工具栏"汇总"按钮增加"总计"栏，将"专业类别"字段设置为"分组"，将"专业编号"字段设置为"计数"，在"专业编号"字段的"条件"栏输入"＞2"。最后，在"专业编号"的"字段"栏中的专业编号前面加上"专业数："，作为查询后的列名。设计完成，如图 2.7.1 所示。

（3）查询各专业学生的人数。

将"专业"表和"学生"表加入设计视图。在"字段"栏选中"专业编号"和"专业名称"字段显示，然后单击工具栏中的"汇总"按钮增加"总计"栏。将"专业编号"和"专业名称"字段设置为"分组"，然后选择"学生"表的"学号"字段，设置其为"计数"，最后，在学号前面加上"人数："，作为查询后的列名。设计完成，如图 2.7.2 所示。

（4）查询 18 岁以上男学生人数超过 3 人的各专业信息，显示输出信息为符合条件专业的专业名称，18 岁以上男学生人数。

将"专业"表和"学生"表加入设计视图。在"字段"栏选中专业表的"专业编号"、学生表

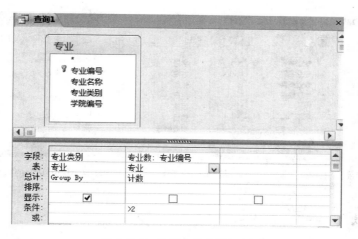

图 2.7.1　选择查询设计视图

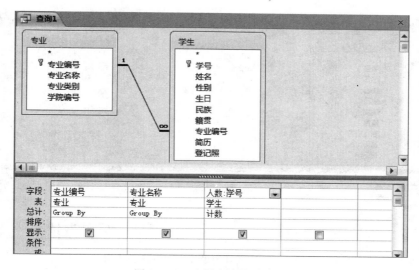

图 2.7.2　选择查询设计视图

的"学号"和"性别"字段显示,然后单击工具栏"汇总"按钮增加"总计"栏。将"专业编号"字段设置为"分组",然后选择"学生"表的"学号"字段,设置其为"计数"。在"学号"字段的"条件"栏输入">3";在"性别"字段的"总计"栏选择 Where 选项,并在"条件"栏输入""男"",并在"字段"栏中增加一个计算字段"年龄:Year(Date())－Year(［生日］)",在该字段的"总计"栏上选择 Where 选项,并在"条件"栏输入">18"。最后,在学号前面加上"18 岁以上男学生人数:",作为查询后的列名。设计完成,如图 2.7.3 所示。

(5) 查询没有参与项目的男学生学号、姓名,即"项目分工"表中没有记录的学生。

设计过程如图 2.7.4 所示。将"学生"表加入设计视图。选择"学号"、"姓名"字段显示,在第 3 列处输入"注:未参与项目",选中"显示"复选框。然后,在第 4 列中选择"学号"但不显示,只作为比较的对象。在"条件栏"输入一个子查询:

NOT IN (SELECT 学号 FROM 项目分工)

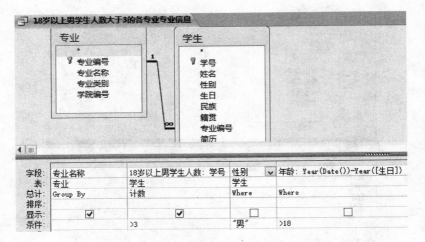

图 2.7.3　选择查询设计视图

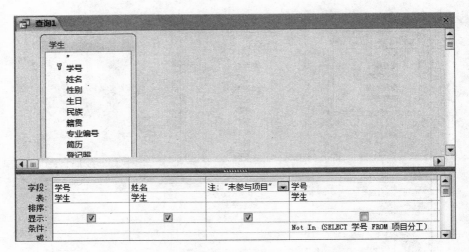

图 2.7.4　选择查询设计视图设计子查询

设置完毕,运行,结果如图 2.7.5 所示。

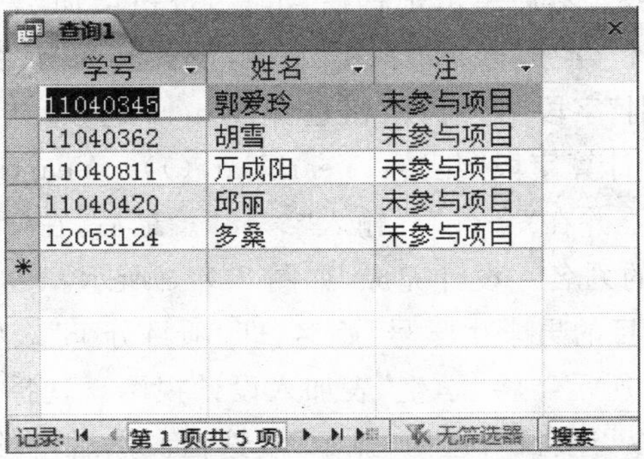

图 2.7.5　选择查询数据表视图

2．设置交叉表查询

两类实体多对多联系可设置交叉查询。

（1）将学生的"学号"和"姓名"作为行标题，"项目编号"作为列标题，"分工"作为交叉数据，生成交叉表。

在查询设计视图，添加"学生"、"项目分工"表。在设计窗格中添加"学号、姓名、项目编号、分工"字段。

单击"交叉表"按钮，添加"总计"栏和"交叉表"栏。在"交叉表"栏设置"学号"、"姓名"作为行标题，"项目编号"作为列标题，"分工"作为"值"，在"总计"栏设置分工为"First"。这样交叉表查询就设计完毕，如图2.7.6所示。

运行查询，可以看到交叉表查询的效果。

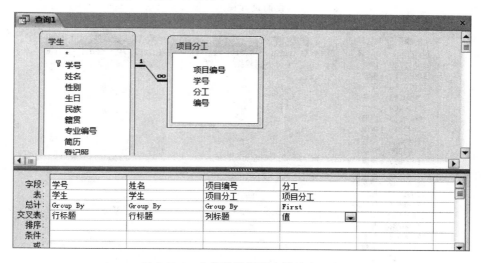

图2.7.6　查询设计视图中设计交叉表

（2）查询每位学生在各个项目中担任的分工情况，并对每位学生参与的项目数进行统计。

和上例类似，此例中针对每个学生仅增加了一个统计信息即参与项目总数，那么在交叉表中如何进行设计呢？

如图2.7.7所示，在上例的基础上，在查询设计视图中，"字段"栏中增加"项目编号"字段，并将其"总计"栏选择为"计数"，"交叉表"栏设置为行标题。最后在项目编号前面加上"项目计数："，作为查询后的列名。设计完成，查询结果如图2.7.8所示。

3．进行参数查询

通过参数查询指定日期以后出生的某个民族的学生信息。

将"学生"表加入查询设计窗口，在设计窗格中选择"＊"表示输出学生表所有字段。然后，选中"生日"字段，去掉"显示"行的复选框，在条件行输入"＞[SR]"；同样设置"民族"字段。

然后，单击"参数"按钮，弹出"查询参数"对话框，分别设置"SR"和"MZ"的类型，单击"确定"按钮，设置完毕，如图2.7.9所示。

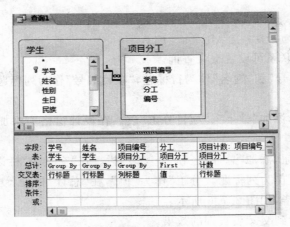

图 2.7.7　查询设计视图中设计交叉表

学号	姓名	项目计数	1210E	1210	121052000	121052	121052001	12105
10041138	华美	1			成员			
10053113	唐李生	1			负责人			
11020113	许洪峰	1	负责人					
11020123	宋佳倩	1	成员					
11020154	杨沛	2	成员	成员				
11020155	卢茹	1		负责人				
11042219	黄耀	1			成员			
11045120	刘权利	2						成员
11093305	郑家谋	2						
11093317	凌晨	1						
11093325	史玉磊	1						
11093342	罗家艳	1						
12041127	巴朗	2						
12041136	徐栋梁	1						
12045142	郝明星	2		成员				
12050233	孔江三	1						
12050551	赵娜	2						成员
12053101	高猛	2						成员
12053116	陆敏	2				负责人		
12053131	林惠萍	1				负责人		
12053160	郭政强	3				成员	成员	负责人
12055117	王燕	2						
12090111	潘东	2				成员		
12090231	王宇	2					成员	

图 2.7.8　交叉表查询结果

图 2.7.9　查询设计视图设置参数查询

三、回答问题并填写实验报告

（1）将本实验切换到 SQL 视图，查看对应的 SQL 命令。

（2）深入体会交叉表查询的作用，简述交叉表查询的实质意义。为什么本实验的交叉表只添加了两个表？

（3）在交叉表设置时，作为行标题的字段最多可以设置几个？作为列标题和交叉值的字段最多可以设置几个？

（4）参数查询的参数设置是否一定要通过对话框设置？通过对话框设置的参数是否一定要出现在查询中？

实验 8

动作查询操作

一、实验目的和要求

(1) 理解 Access 动作查询包含的查询类别。
(2) 理解并掌握动作查询的操作应用。
(3) 将动作查询与 SQL 命令进行对比。

二、实验内容

1. 生成表查询操作

将实验 6 第 2 项实验中"已结项项目"的处理通过生成表方式完成。

进入查询设计视图,添加"项目"和"项目分工"表。设置"项目编号、项目名称、指导教师工号、学号、是否结项"字段并设置相应条件,然后单击"生成表"按钮,弹出"生成表"对话框,如图 2.8.1 所示。输入生成表的名称,单击"确定"按钮。运行查询,结果被保存到当前数据库中。

由于生成表中有教师工号和学生学号,可到关系图窗口中建立相应的参照。

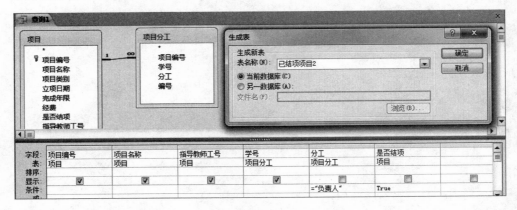

图 2.8.1 定义生成表查询

2. 删除查询操作

删除"已结项项目 2"表中的记录。

进入查询设计视图,加入"已结项项目2"表。单击"删除"按钮,这时设计窗格栏目发生变化,出现"删除"栏。

由于无条件删除全部数据,直接单击"运行"按钮即可。

3．追加查询操作

追加查询是将一个查询的结果追加插入到一个现有表中。将本实验的第1项实验通过追加查询完成。由于表已经存在,所以无须创建表。

在查询设计视图内添加"项目"和"项目分工"表。设置"项目编号、项目名称、指导教师工号、学号、是否结项"字段并设置相应条件,参见图2.8.1。单击"追加"按钮,弹出"追加表"对话框。输入"已结项项目2",单击"确定"按钮。这时,设计窗格中增加"追加到"栏,显示相关的字段名。单击"运行"按钮,完成数据记录的追加。

4．更新查询操作

将"校级"项目经费增加1000元的操作如下:

在设计视图内添加"项目"表。单击"更新"按钮,设计窗格增加"更新到"栏。

添加"经费"字段,然后在"更新到"栏中输入"[项目].[经费]+1000"。

添加"项目类别"字段,在"条件"栏中输入"校级",设计完成,如图2.8.2所示。

单击"运行"按钮运行查询。

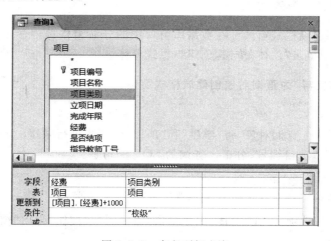

图2.8.2　定义更新查询

三、回答问题并填写实验报告

（1）生成表查询实现的是SQL语言中什么语句的功能?

（2）追加查询对应SQL的什么语句? 该语句是否只具有追加查询的功能? 若有其他功能,如何实现交互操作?

（3）删除查询或更新查询如果需要通过其他表的条件实现,如何在设计视图中实现?

实验 **9**

多种方式创建窗体

一、实验目的和要求

(1) 熟悉窗体的结构。
(2) 掌握使用"自动创建方式"创建窗体。
(3) 掌握使用向导创建窗体的方法。
(4) 掌握使用"设计视图"创建窗体的基本方法。

二、实验内容

1. 使用"自动创建窗体"创建纵栏式窗体

为"学生"表创建纵栏式窗体。在数据库窗口中的导航窗格选中学生表,选择"创建"选项卡,在"窗体"组中单击"窗体"按钮,创建纵栏式窗体。

2. 使用"窗体向导"为查询对象创建表格式窗体

操作步骤如下:

(1) 首先创建一个查询对象,将"学生"和"项目分工"表进行联接。命名为"参与项目学生",包括学号、姓名、项目编号、分工。查询的 SQL 语句是:

```
SELECT 学生.学号,姓名,项目编号,分工
  FROM 学生 INNER JOIN 项目分工 ON 学生.学号 = 项目分工.学号;
```

(2) 选择"创建"选项卡,在"窗体"组中单击"窗体向导"按钮,弹出"窗体向导"第 1 个对话框,如图 2.9.1 所示。

(3) 在"表/查询"下拉列表中选择"查询:参与项目学生",在"可用字段"列表中列出了查询的所有可用字段,单击 >> 按钮选择所有字段,单击"下一步"按钮。

(4) 在关于"确定查看数据方式"对话框中选择"通过 项目分工",然后选择"单个窗体"按钮,单击"下一步"按钮。

(5) 在关于"窗体布局"的对话框中选择"表格",单击"下一步"按钮。

(6) 然后将窗体命名为"参与项目学生",单击"完成"按钮。

3. 使用"设计视图"创建窗体

要求以"项目"表和"参与项目学生"查询为数据源,创建如图 2.9.2 所示的"项目与学生

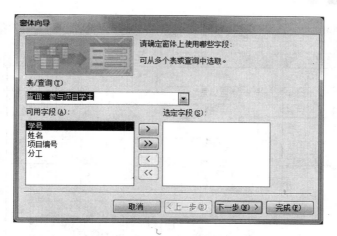

图 2.9.1 "窗体向导"对话框

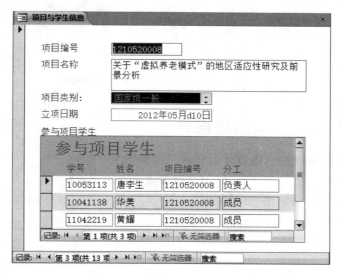

图 2.9.2 "项目与学生信息"窗体

信息"窗体。操作步骤如下：

(1)"项目"表要通过"项目编号"与"参与项目学生"查询发生联系，首先进入"关系"窗口，添加"参与项目学生"查询，从"项目"表中选择"项目编号"字段拖曳到"参与项目学生"查询，建立两者之间的联系。

(2)单击"创建"选项卡"窗体"组"窗体设计"按钮，打开窗体设计视图。

(3)单击"属性表"按钮，打开"属性表"对话框。

(4)在"标题"属性框中输入"项目及学生信息"，在"记录源"属性框中选择"项目"表。

(5)在字段列表中选择"项目编号"、"项目名称"、"项目类别"和"立项日期"等字段，将其拖到窗体中，并调整好位置。

(6)将前面已建立的"参与项目学生"窗体拖到设计视图中，建立好一个"主/子"窗体，如图 2.9.3 所示，设计完成。

运行窗体，在主窗体中选定记录时，子窗体中显示所对应的参与项目学生的信息。

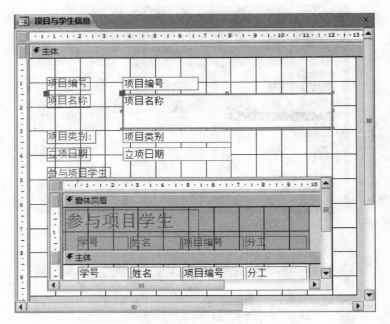

图 2.9.3 "项目与学生信息"窗体设计视图

三、回答问题并填写实验报告

（1）用自动创建窗体的方法可以创建哪几种类型的窗体？

（2）使用窗体向导创建窗体时，如何选择多张表中的字段？

（3）如何用窗体向导创建主/子窗体？

（4）主/子窗体的数据间通常建立什么样的联系？

（5）窗体"记录源"属性的作用是什么？

实验 10
在窗体中使用控件

一、实验目的和要求

（1）掌握窗体上控件的创建方法。
（2）掌握控件属性的设置方法。
（3）掌握控件布局的调整方法。

二、实验内容

创建一个"学生情况"窗体，要求如下：

（1）在窗体中添加窗体页眉/页脚，在窗体页眉中创建一个标签，标签显示的文本为"学生基本情况"。

（2）在主体节中显示学生的学号、姓名、性别、年龄、专业名称等信息，要求"性别"字段用选项组控件显示，年龄由"生日"字段计算得到，创建一个列表框用于显示全部专业信息。

（3）添加三个命令按钮，第一个用于转向"前一记录"，第二个用于转向"下一记录"，第三个用于"关闭窗体"，如图 2.10.1 所示。

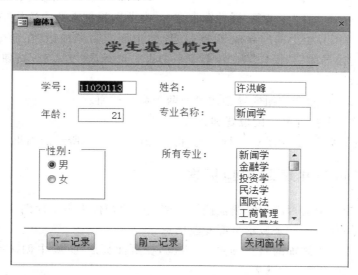

图 2.10.1 "学生基本情况"窗体

操作步骤如下：

（1）打开窗体设计视图。单击右键，通过快捷菜单为窗体添加"窗体页眉"和"窗体页脚"。

（2）在窗体页眉中创建一个标签，将标签的"标题"属性设置为"学生基本情况"，设置"字体"属性为"隶书"，"字号"属性为"18"，"字体粗细"属性为"加粗"。

（3）将窗体属性中"格式"的"记录选择器"和"导航按钮"均设置为"否"。

（4）为了将"性别"字段的信息用选项组控件来显示，并且在窗体中使用其他控件也能显示该字段的信息，可以使用 SQL 语句创建查询作为记录源，SQL 语句表示为：

```
SELECT 学生.学号, 姓名, 生日, 专业.专业名称,
       SWITCH([学生.性别] = "男",1,[学生.性别] = "女",2) AS xb
FROM 学生 INNER JOIN 专业 ON 学生.专业编号 = 专业.专业编号;
```

将查询命名为：学生及专业。

（5）将窗体的"记录源"属性设置为"学生及专业"，从字段列表中选中"学号"、"姓名"和"专业名称"字段并添加到窗体的主体节中。

（6）在主体节中添加文本框控件用于显示学生的年龄。将文本框控件关联标签的"标题"属性设置为"年龄："，在文本框控件中输入计算公式：

```
= Year(Date()) - Year([生日])
```

注意：文本框中表达式前必须加"＝"运算符，使用字段名称时须加"[]"。

（7）在主体节中添加选项组控件用于显示"性别"字段。将关联标签中的"标题"属性设置为"性别"，在选项组控件的内部添加两个选项按钮，分别将两个选项按钮的关联标签"标题"属性设置为"男"和"女"。将选项组控件的"控件来源"属性框中选择"xb"字段（在查询中将"性别"字段更名为"xb"）。

（8）在主体节中添加列表框控件用于显示全部专业内容，在列表框的"行来源类型"属性框中选择"表/查询"，在"行来源"属性框中选择"专业"，控件来源中选择"专业名称"。

（9）按下控件工具组上的向导按钮 🖼，在窗体中创建命令按钮，在命令按钮的向导中选择"类别"为"记录导航"，"操作"为"转至下一记录"，选择为"文本型"按钮，命令上的文本设置为"下一记录"。

用同样的方法，用命令按钮向导创建另外两个命令按钮。

（10）调整窗体上控件显示的位置和大小。

设计视图如图 2.10.2 所示。运行查询，得到如图 2.10.1 所示的结果。

三、回答问题并填写实验报告

（1）选项组控件中能否添加复选框控件或切换按钮控件来表示性别字段的值？

（2）还可以用什么控件来显示全部专业信息？

（3）如果在窗体中添加的是页面页眉/页脚，在页面页眉/页脚中创建的标签和命令按钮，在窗体视图中能否显示出来？

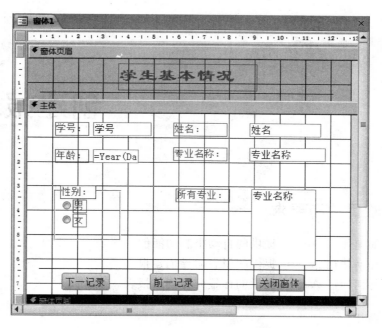

图 2.10.2 "学生基本情况"窗体设计视图

实验 11

创建报表

一、实验目的和要求

（1）掌握如何使用 Access 提供的自动报表功能创建报表。

（2）掌握如何使用 Access 提供的报表向导创建报表。

（3）掌握如何使用 Access 提供的标签向导创建报表。

二、实验内容

1. 使用"自动创建报表"创建报表

在项目管理数据库中，使用自动报表功能创建教师信息报表。操作过程如下：

（1）在项目管理数据库窗口中选择"教师"表。

（2）单击"创建"选项卡内"报表"组中的"报表"按钮，自动生成教师信息报表，自动进入"布局视图"，如图 2.11.1 所示。

教师					2013年11月27日 16:17:09
工号	姓名	性别	职称	学院编号	
Z02050	陈宋叶	女	讲师	02	
Z02021	朱雄武	男	副教授	02	
Z04012	罗进文	男	教授	04	
Z05033	孙　静	女	副教授	05	
Z05054	韩旺洋	男	讲师	05	
Z05005	李建华	男	教授	05	
Z05036	陈小飞	男	副教授	05	
Z04007	徐银虹	女	教授	04	

图 2.11.1　教师报表

2. 使用"报表向导"创建报表

使用报表向导创建教师信息报表，操作过程如下：

（1）进入数据库窗口，单击"创建"选项卡，在"报表"组中单击"报表向导"按钮，启动"报表向导"对话框，如图 2.11.2 所示。

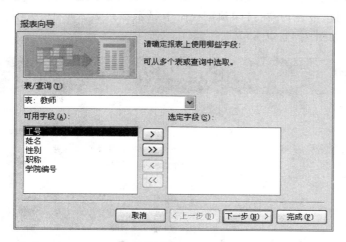

图 2.11.2　"报表向导"对话框一

（2）在第一个"报表向导"对话框中确定数据源为"教师"表。从"可用字段"列表中选择需要的报表字段，单击 > 按钮，添加到"选定字段"的列表中。选择完所需字段后，单击"下一步"按钮。

（3）显示"报表向导"第二个对话框，确定是否定义分组级别。在列表框中选择"学院编号"字段作为分组字段，单击"分组选项"按钮，打开"分组间隔"对话框。通过更改分组间隔可以影响报表中对数据的分组。本报表不要求任何特殊的分组间隔，选择"分组间隔"中的"普通"选项，单击"确定"按钮返回。单击"下一步"按钮。

（4）显示"报表向导"第三个对话框，指定主体记录的排序次序。

（5）单击"下一步"按钮，弹出"报表向导"第四个对话框，选择报表的布局格式，如图 2.11.3 所示。默认情况下，"报表向导"会选中"调整字段宽度使所有字段都能显示在一页中"复选框。在方向选项组中选择"纵向"选项。

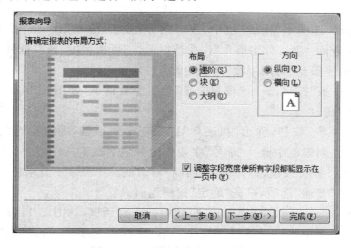

图 2.11.3　"报表向导"对话框四

（6）单击"下一步"按钮，弹出"报表向导"第五个对话框，设置报表标题。在标题中输入"教师信息报表"，选中"预览报表"按钮，单击"完成"按钮。

报表向导会创建报表，并在打印预览视图中显示该报表。单击"关闭打印预览"按钮可显示"报表"视图，如图2.11.4所示。

教师信息报表				
学院编号	工号	姓名	性别	职称
02				
	Z02021	朱雄武	男	副教授
	Z02022	李道锐	男	教授
	Z02050	陈宋叶	女	讲师
04				
	Z04007	徐银虹	女	教授
	Z04012	罗进文	男	教授
	Z04027	郑家军	男	副教授
	Z04028	陈浩	男	讲师
05				
	Z05005	李建华	男	教授
	Z05033	孙　静	女	副教授
	Z05036	陈小飞	男	副教授
	Z05054	韩旺洋	男	讲师

图2.11.4　"报表向导"建立的基本报表

3. 使用"报表向导"创建分析报表

利用项目管理数据库中的"项目分工信息"查询，利用向导创建学生项目分析报表。

操作过程如下：

（1）创建"项目分工信息"查询对象。进入查询设计视图，添加"教师、项目、学生、项目分工"表。在设计窗格添加"学号、学生.姓名、项目名称、分工、经费、教师.姓名"等字段。命名保存。

（2）单击"创建"选项卡"报表"组中"报表向导"按钮，启动第一个"报表向导"对话框。在对话框中选择"查询：项目分工信息"作为数据源。"可用字段"列表框列出了数据源的所有字段。添加所有字段到"可用字段"列表中。

（3）单击"下一步"按钮，显示"报表向导"第二个对话框，如图2.11.5所示。确定查看数据的方式，选择"通过 学生"。

（4）单击"下一步"按钮，弹出"报表向导"第三个对话框，确定是否定义分组级别，如图2.11.6所示。在列表框中选择"学号"字段作为分组字段。

（5）单击"分组选项"按钮，打开"分组间隔"对话框。本报表不要求任何特殊分组间隔，选择"分组间隔"中"普通"选项，单击"确定"按钮返回。

（6）单击"下一步"按钮，弹出"报表向导"第四个对话框，如图2.11.7所示。定义好分组之后，用户可以指定主体记录的排序次序。单击"汇总选项"按钮，弹出"汇总选项"对话框，指定计算汇总值的方式，如图2.11.8所示。单击"确定"按钮返回。

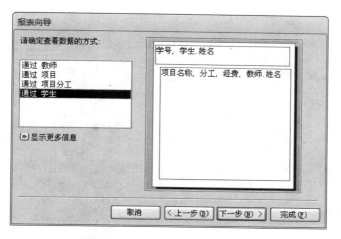

图 2.11.5 "报表向导"对话框二

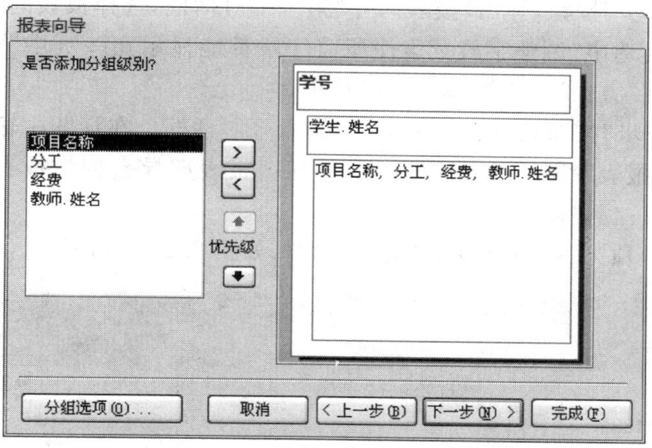

图 2.11.6 "报表向导"对话框三

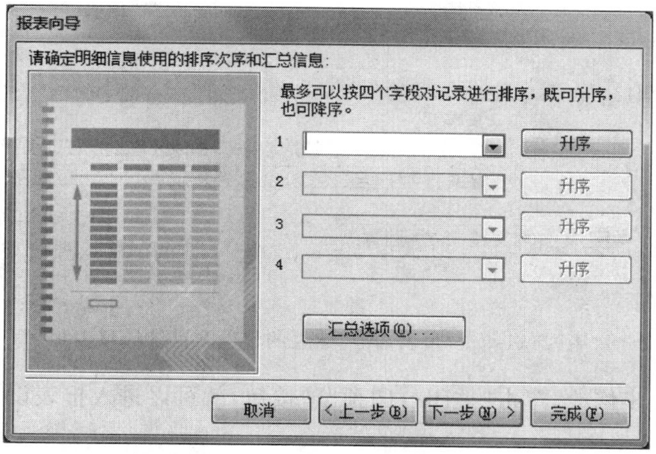

图 2.11.7 "报表向导"对话框四

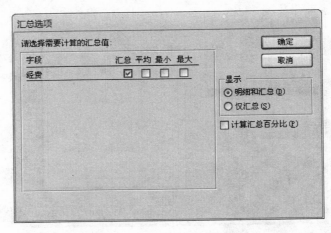

图 2.11.8　"汇总选项"对话框

（7）单击"下一步"按钮，弹出"报表向导"第五个对话框，选择报表的布局格式。默认情况下，"报表向导"会选中"调整字段宽度使所有字段都能显示在一页中"复选框。在"布局"组中选择"递阶"，在"方向"组中选择"纵向"选项。

（8）单击"下一步"按钮，弹出"报表向导"第六个对话框。在标题中输入"学生项目统计报表"。单击"预览报表"按钮，并单击"完成"按钮。报表向导会创建报表，并在打印预览视图中显示该报表。

单击"关闭打印预览"按钮可显示"报表"视图，如图 2.11.9 所示。

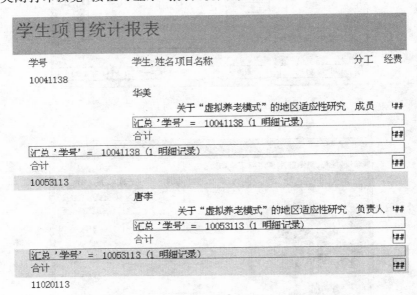

图 2.11.9　"报表向导"建立的学生项目统计报表

如果还想进一步修改，单击"关闭打印预览"按钮，就可以进入报表设计视图进行修改。

4. 使用"标签"创建标签类型的报表

利用标签向导,创建教师基本情况标签报表,操作过程如下:

(1) 在数据库窗口中选择"教师"表,作为数据源。

(2) 单击"创建"选项卡"报表"组中"标签"按钮,弹出"标签向导"第一个对话框。在该对话框中确定标签的尺寸。可以选择标准型号的标签,也可以自定义标签的大小,这里选择"C2166"标签样式。

(3) 单击"下一步"按钮,弹出"标签向导"第二个对话框,根据需要选择适当的字体、字号、粗细和颜色。

(4) 单击"下一步"按钮,显示"标签向导"第三个对话框,根据需要选择创建标签要使用的字段。

(5) 单击"下一步"按钮,显示"标签向导"第四个对话框,选择"按哪个字段进行排序"。这里选择"工号"。

(6) 单击"下一步"按钮,显示"标签向导"第五个对话框,将新建标签命名为"标签 教师",单击"完成"按钮。至此,创建了"标签 教师"标签,如图 2.11.10 所示。

如果设计的标签报表没有达到预期效果,可以删除该报表,然后重新设计,也可以进入"设计"视图进行修改。

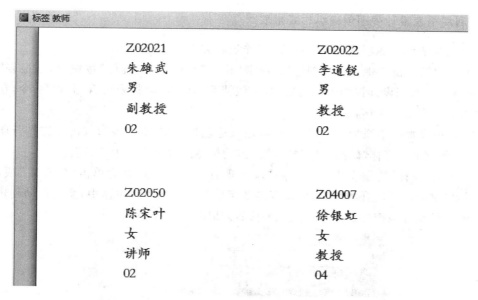

图 2.11.10　"标签 教师"界面

三、回答问题并填写实验报告

(1) 使用自动报表功能可以创建什么格式的报表?自动报表功能有什么缺点?

(2) 可以使用向导创建什么形式的报表?

(3) 什么情况下适合创建标签?

实验 12

使用报表设计视图创建报表

一、实验目的和要求

（1）掌握使用报表设计视图创建报表的方法。

（2）进一步掌握如何对报表进行编辑。

（3）掌握报表排序和分组的方法，学会使用计算控件。

二、实验内容

1. 利用报表设计视图创建纵栏式报表

为"项目"表创建纵栏式的信息报表，操作过程如下：

（1）在数据库窗口中，单击"创建"选项卡"报表"组中"报表设计"按钮，启动报表"设计视图"窗口。在报表设计视图中单击右键，从快捷菜单中选择"报表页眉/页脚"命令，在报表中添加报表的页眉和页脚区。

（2）在报表页眉中添加一个标签控件，输入标题为"项目信息表"，双击标签打开属性窗口，设置标签格式：字体"幼圆"，字号"18"。拖动标签到报表页眉中心位置。

（3）单击"设计"选项卡中"工具"组"添加现有字段"按钮，然后单击"所有表"项，打开"字段列表"对话框。展开项目表，依次双击各字段将字段放置在主体中，系统自动创建相应的文本框控件及标签控件。调整设置控件位置，如图 2.12.1 所示。

图 2.12.1　报表字段设计

（4）单击"设计选项"卡内"页眉页脚"组中"页码"按钮，打开"页码"对话框，选择格式为"第N页"，位置为"页面底端（页脚）"，单击"确定"按钮，即可在页面页脚节区插入页码，如图2.12.2所示。

（5）用"打印预览"工具查看报表，如图2.12.3所示。单击"关闭打印预览"按钮，然后以"项目信息表"命名保存报表。以后就可以随时显示并打印该报表。

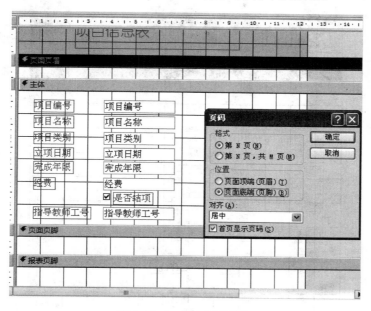

图2.12.2　报表页码设计

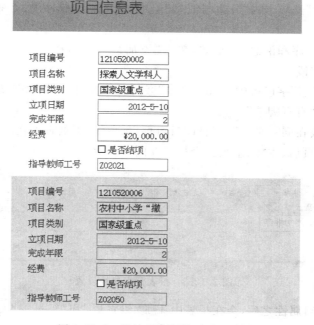

图2.12.3　设计报表预览显示（局部）

2. 在报表中实现数据分组统计

对"项目信息表"报表按照项目类别进行分组统计,操作过程如下:

(1) 在数据库导航窗格中,选择"项目信息表"报表。打开其报表的"设计视图",如图 2.12.4 所示。

图 2.12.4　项目信息报表设计视图

(2) 单击"设计"选项卡内"分组与汇总"组中的"分组与排序"命令按钮,出现"分组、排序和汇总"面板。

(3) 在"分组、排序和汇总"面板中,单击"添加组"按钮,在"分组形式"中选择"项目类别"字段作为分组字段。

(4) 在"项目类别"字段行中,单击"更多"旁的三角按钮,出现如图 2.12.5 所示的面板。将"无页脚节"改为"有页脚节"。

选择"不将组放在同一页上",则打印时组页眉、主体、组页脚不在同页上；选择"将组放在同一页"上,则组页眉、主体、组页脚会打印在同一页上。

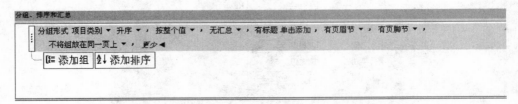

图 2.12.5　报表分组属性设置

(5) 设置完分组属性之后,会在报表中添加"组页眉"和"组页脚"两个节区,分别用"项目类别页眉"和"项目类别页脚"来标识。

将主体节内的"项目类别"文本框通过"剪切"、"复制"移至"职务页眉"节,并设置其格式:字体为"宋体",字号为12磅。

(6) 在"职务页脚"节内添加一个"控件源"为计算该种职务人数表达式的绑定文本框,以及附加标签标题"人数",如图 2.12.6 所示。

图 2.12.6 设置"组页眉"和"组页脚"节区内容

(7) 单击工具栏中的"打印预览"按钮,预览上述分组数据,如图 2.12.7 所示,从中可以看到分组显示和统计的效果。

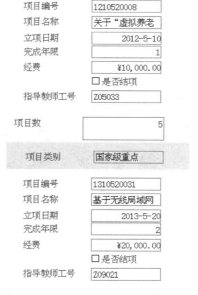

图 2.12.7 项目类别分组统计预览图

三、回答问题并填写实验报告

(1) 如果采用将数据源中的字段直接拖到报表设计视图中的方法，有什么缺点？

(2) 计算控件的添加需要注意哪些问题？

(3) 有几种方法可以添加页码？

宏的创建与应用

一、实验目的和要求

（1）熟悉宏设计器窗口。
（2）掌握操作序列宏的创建方法。
（3）掌握操作参数的设置。
（4）掌握宏组的概念以及创建宏组的方法。

二、实验内容

1. 创建自动运行宏

在"项目管理"数据库中创建一个自动运行的宏，运行该宏时，打开"学生"表和"项目"表。操作过程如下：

（1）在数据库窗口中，单击"创建"选项卡"宏与代码"组的"宏"按钮。

（2）启动宏设计窗口，在"添加新操作"的下拉列表框中选择 OpenTable 宏操作，在"表名称"中选择"学生"。类似地，在第二个"添加新操作"中选择 OpenTable 宏操作，在"表名称"中选择"项目"。

（3）单击工具栏中的"保存"按钮，并输入宏名 autoexec。创建完成。

以后打开项目管理数据库时，会自动执行该宏，并打开"学生"表和"项目"表。

2. 创建操作序列宏示例

创建一个宏，运行该宏时，打开"学生"表，并将"学生"表复制为"学生副本"表。复制时出现信息框进行提示，将该宏命名为"复制表"，操作过程如下：

（1）启动宏设计窗口。

（2）在宏设计窗口"添加新操作"的下拉列表框中选择 MessageBox 宏操作，"消息"行中输入"按'确定'按钮复制'学生'表"，"标题"行中输入"信息"。

（3）在第二个"添加新操作"中选择 CopyObject，在"源对象类型"行中选择"表"，"源对象名称"栏中选择"学生"，"新名称"行中输入"学生副本"。

（4）在第三个"添加新操作"中选择 OpenTable 宏操作，在"表名称"行中输入"学生副本"。

（5）单击工具栏中的"保存"按钮，并输入宏名"复制表"，如图 2.13.1 所示。

（6）单击工具栏中的"运行"按钮，执行该宏。

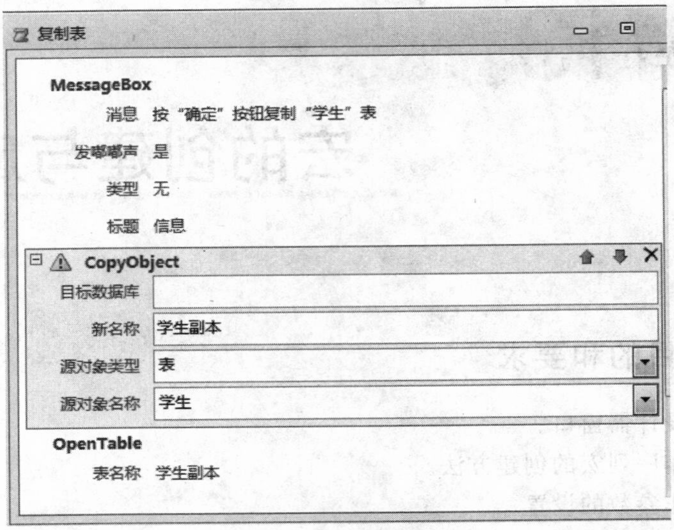

图 2.13.1　"复制表"宏

3．创建宏组

在"项目管理"数据库中创建一个名为"学生专业"的宏组，分别具有下述功能：

（1）创建"学生"窗体，显示学生的基本情况，在"学生"窗体中单击"显示专业"命令按钮，调用"学生专业"宏组中的宏，打开并显示该学生专业的窗体。

（2）要求在"学生"窗体中单击"关闭窗体"命令按钮，调用"学生专业"宏组中的宏，同时关闭"学生"窗体和"专业"窗体。

操作过程如下：

（1）进入"项目管理"数据库，单击"创建"选项卡"窗体"组"窗体向导"按钮，创建"专业"窗体。按照向导，选择"专业"，将所有"可用字段"选为"选定字段"，单击"下一步"按钮，选择窗体布局为"纵栏表"，单击"完成"按钮。将窗体命名为"专业"。

（2）单击"创建"选项卡"窗体"组"窗体设计"按钮，创建"学生"窗体。在"设计"选项卡中单击"添加现在有字段"按钮，在弹出的对话框中单击"显示所有表"，选择"学生"表，将"学生"中的"学号"、"姓名"、"性别"、"生日"、"民族"、"籍贯"和"专业编号"等字段拖到窗体中，并调整字体及位置等。保存窗体并将窗体命名为"学生"。

（3）在"学生"窗体中添加"窗体页眉/页脚"，单击"标题"按钮，标题设置为"学生情况"。在窗体页脚中创建两个命令按钮。

在弹出的第一个"命令按钮向导"中，command1"类别"列表中选择"窗体操作"，"操作"列表中选择"打开窗体"操作，打开窗体列表中选择"专业"，最后选择"打开窗体并查找要显示的特定数据"单选按钮，单击"完成"即可。

在弹出的第二个"命令按钮向导"中，command2"类别"列表中选择"窗体操作"，"操作"列表中选择"关闭窗体"操作即可，command1 和 command2 标题属性分别设置为"显示专业"和"关闭窗体"。

（4）选择"创建"选项卡，单击"宏"按钮，创建宏组"学生专业"。

（5）在宏设计窗口"添加新操作"的下拉列表框中选择 Submacro 宏操作。在"子宏"行中输入"显示专业"，在"添加新操作"中选择 OpenForm 宏操作。在"窗体名称"中选择"专业"，在"当条件＝"行中输入"［专业编号］＝［Forms］!［学生］!［专业编号］"。

（6）设计第二个子宏，在"添加新操作"中选择 Submacro 宏操作，在"子宏"行中输入"关闭窗体"，在"添加新操作"中选择 CloseWindow 宏操作，在"对象类型"中选择"窗体"，"对象名称"中选择"专业"。

（7）单击工具栏中的"保存"按钮，并输入宏名"学生专业"，如图 2.13.2 所示。

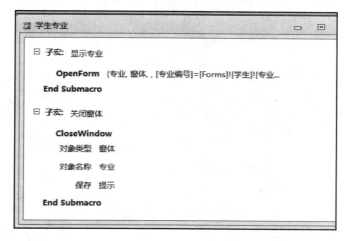

图 2.13.2 "学生专业"宏

（8）在"学生"窗体中单击"显示专业"按钮，将该按钮的"单击"事件属性设置为"学生专业.显示专业"宏。选定"关闭窗体"按钮，将该按钮的"单击"事件属性设置为"学生专业.关闭窗体"宏。

当用鼠标单击"学生"窗体中"显示专业"按钮时，将打开"专业"窗体，并显示该学生的专业信息，如图 2.13.3 所示。

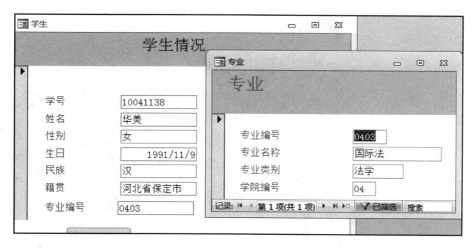

图 2.13.3 "学生"及"专业"窗体

三、回答问题并填写实验报告

（1）宏设计器窗口由哪几个部分组成？

（2）使用 CopyObject 宏操作复制表时，操作参数中如果"目标数据库"栏为空，则将新表复制到哪个数据库中？

（3）有几种运行宏的方法？

（4）宏组的作用是什么？

（5）如何调用宏组中的子宏，怎样设定子宏中的条件？

VBE工作界面与VBA编程基础

一、实验目的和要求

(1) 掌握 VBE 工作界面的启动,熟悉 VBE 界面及使用方法。
(2) 初步掌握 VBA 模块的创建和保存。
(3) 掌握数据类型的表示方法及内存变量的使用。
(4) 掌握表达式的运用,根据实际问题写出表达式并计算其值。

二、实验内容

1. 启动 VBE 环境的几种方法

使用以下任何一种方法都可以从 Access 数据库窗口进入 VBE 环境:

- 打开"项目管理"数据库,选择"创建"选项卡,单击"模块"按钮即可。如果要打开已有模块,在对象列表窗口中直接双击要打开的模块名,则在 VBE 窗口中显示该模块的内容。
- 在设计"窗体"或"报表"的过程中,选择要添加 VBA 代码的控件,单击鼠标右键,在快捷菜单中选择"事件生成器"命令,然后在"选择生成器"对话框中单击"代码生成器",单击"确定"按钮。

2. 观察并了解 VBE 窗口界面

VBE 界面中除了常规的菜单栏、工具栏以外,还提供了属性窗口、工程管理窗口和代码窗口。通过"视图"菜单或工具栏,还可以调出其他子窗口,包括立即窗口、对象窗口、对象浏览器、本地窗口和监视窗口,这些窗口用来帮助用户建立和管理应用程序。

- 工程资源管理器窗口。工程资源管理器用来显示工程的一个分层结构列表以及所有包含在此工程内的或者被引用的全部工程。
- 属性窗口。属性窗口列出所选的对象的所有属性。
- 代码窗口。代码窗口是 VBE 窗口中最重要的组成部分,所有 VBA 的程序模块代码的编写和显示都是在该窗口中进行的。
- 立即窗口。在立即窗口中可以输入或者粘贴命令语句,还可用于一些临时计算。
- 监视窗口。监视窗口的作用是在中断模式下,显示监视表达式的值、类型和内容。
- 本地窗口。本地窗口用来显示当前过程中的所有声明了的变量名称、值和类型。

- 对象浏览器。对象浏览器用来显示出对象库以及工程里的过程中的可用类、属性、方法、事件以及常数变量，还可以用它来搜索及使用既有的对象，或是来源于其他应用程序的对象。

3．模块的创建

创建模块的操作步骤如下：

打开数据库窗口，选择"创建"选项卡，单击"模块"按钮，进入 VBE 界面，自动打开代码编辑窗口进入编辑状态，并自动添加上"声明"语句。

单击"插入"菜单的"过程"选项，弹出"添加过程"对话框。

在"添加过程"对话框中的名称文本框中输入过程名，单击"确定"按钮，进入新建过程的状态，并在代码窗口的声明语句后添加以过程名为名的过程说明语句。若创建一个函数过程，在"添加过程"对话框的"类型"栏中选中"函数"即可。

4．代码窗口中编写 VBA 程序代码

在"代码窗口"顶部有两个下拉框。在输入、编辑模块内的各对象时，先在左边的"对象"列表框中单击要处理的对象，然后在右边的"过程/事件"列表框中选择需要设计代码的事件，此时系统将自动生成该事件过程的模板，并且光标会移到该过程的第一行，用户就可以进行代码的编写。

5．模块的保存

单击工具栏中的"保存"按钮，或"文件"菜单"另存为"命令，弹出"另存为"对话框。命名模块名称，然后单击"确定"按钮保存。

6．完成下列各题的任务

（1）计算并输出表达式(12.79 * 5−11.28 * 6)/3^2 的值。

（2）用求余运算判断 237 能否被 7 整除。

（3）根据你的生日计算出你出生 150 天时的日期。

（4）计算并输出表达式的值。

123 < 321 OR "abc" + "e"< = "abcd"AND "China" like " * i * "

（5）定义并将数据"计算机"赋给内存变量 X，定义并将数据"实用"赋给内存变量 Y，定义并将数据"技术"赋给内存变量 Z。

（6）命令？ x&y&z 的结果是什么？

（7）定义数组：一个一维数组 A，有 3 个数组元素，一个二维数组 B，有 4 个数组元素，然后将数据"计算机"、♯2008/8/8♯、123456 分别赋给数组 A 的三个元素。将函数 DATE() 的值赋给数组 B，最后显示各数组元素的值。

（8）分别对数值 34.567 进行取整运算：求该数的整数部分、将该数四舍五入到小数 0 位的运算。

（9）用一个表达式计算并输出字符串"125"的各个数位的立方和。

（10）对字符串"中华人民共和国"，用取子字符串函数分别得到"中国"、"人民"，并赋给内存变量 A、B。

（11）判断"大"字在字符串"中南财经政法大学"中出现的位置，并输出字符串"中南财经政法大学"的长度。

（12）利用系统日期函数取出当前日期，并根据该日期利用函数运算输出：今天是＃＃＃＃年＃＃月＃＃日。

（13）计算表达式 32.45 * 3/2 的值，并输出为 32.45 * 3/2＝＃＃.＃＃，中间不能有空格。

（14）设 D＝＃2007/10/8＃，将变量 D 中年、月、日的数据转换成数值型数据，再进行相加，并输出结果。

三、回答问题并填写实验报告

（1）如何启动 VBE 环境？有几种方法？

（2）立即窗口的功能是什么？举例说明如何使用。

（3）如何调出代码窗口？在代码窗口中如何编写 VBA 代码？

（4）叙述创建模块的操作步骤。过程和函数过程的创建有何区别？

（5）经上机操作后，写出实验内容第 6 项中的正确命令或结果。

实验15

结构化程序设计

一、实验目的和要求

（1）掌握 VBA 的书写规则。
（2）掌握常用程序语句的用法和格式。
（3）掌握顺序结构和选择结构程序设计方法。
（4）掌握循环结构程序设计方法。
（5）掌握过程设计、过程调用与参数传递。

二、实验内容

1. 顺序结构程序

编写一个顺序结构程序，计算方程 $ax^2 + bx + c = 0$ 的两个根（不考虑虚根的情况，注意输入的 a、b、c 值要满足 $b^2 - 4ac \geqslant 0$）。

参考程序为：

```
Dim a As Single , b As Single , c As Single
Dim da As Single
a = Val(InputBox("请输入 a:"))
b = Val(InputBox("请输入 b:"))
c = Val(InputBox("请输入 c:"))
da = SQR(b * b - 4 * a * c)
x1 = ( - b + da) / (2 * a)
x2 = ( - b - da) / (2 * a)
?x1, x2
```

2. 程序改编

改写上面的程序，使之可以根据用户输入的 a、b、c 值判断方程是实根还是虚根，如果是实根，则继续判断是有两个不等实根还是相同实根；若是虚根，则提示方程无实根。

3. 分支结构程序

输入一个销售数量后就输出该商品销售情况的评价。假设 1000 件以上为畅销，800～999 件为良好，600～799 件为中等，300～599 件为一般，300 件以下为滞销。模块命名为"销售等级"。

```
Dim Mark As Integer
Dim Class As String
Mark = Val( InputBox("请输入数量:"))
If Mark >= 100 Then
        Class = "畅销"
ElseIf Mark >= 800 Then
        Class = "良好"
ElseIf Mark >= 600 Then
        Class = "中等"
ElseIf Mark >= 300 Then
        Class = "一般"
Else
    Class = "滞销"
End If
MsgBox("商品的销售等级是:" + Class, vbOKOnly + vbInformation, "结果")
```

4. 用 Select Case 语句改写第 3 题中的计算商品销售等级程序

5. 循环程序设计,编制程序计算 50 以内所有偶数的和

```
Dim i As Integer, Sum As Integer
Sum = 0
For i = 2 To 50 Step 2
    Sum = Sum + i
Next i
MsgBox( "50 以内所有偶数的和为:" + Str(Sum))
```

6. 循环程序设计:分别计算 200 以内的所有奇数与偶数的和,并输出

7. 字符处理程序

编制一个程序,由用户输入一串英文字母,将字符串中的大写字母转换为小写,将小写字母转换为大写。如果字符串中出现非英文字符,则弹出出错消息,然后退出。

```
Dim S1 As String ,S2 As String ,S3 As String
Dim Flag As Boolean
Flag = True
S1 = InputBox("请输入一串英文字符:")
S2 = ""
S3 = ""
Do While Len(S1) > 0
  S3 = Left(S1, 1)
  Select Case Asc(S3)
  Case 65 To 90
      S3 = LCase(S3)
  Case 97 To 122
```

```
        S3 = UCase(S3)
    Case Else
        MsgBox "输入错误!", vbCritical, "错误"
        Flag = False
        Exit Do
    End Select
    S2 = S2 + S3
    S1 = Mid(S1, 2)
Loop
    If Flag Then
    MsgBox "转换后的字符串是:" + S2
    End If
```

8. 函数处理程序

用函数调用方法编写计算 S=A! ＋B! ＋C! 的程序，其中 A、B、C 从键盘输入。

三、回答问题并填写实验报告

（1）上机操作，验证本实验程序。

（2）编写实验内容中未编出的程序，运行，并给出各程序运行结果。

实验16

面向对象程序设计

一、实验目的和要求

（1）掌握面向对象程序设计的思想。

（2）掌握对象的属性、事件和方法。

（3）掌握将模块和代码与 Access 的窗体等对象结合在一起的编程方法。

二、实验内容

1. 创建一个窗体，用来计算圆的面积

用户在"半径"文本框（Text1）中输入圆的半径后，单击"确定"命令按钮（Command0），在"面积"文本框（Text2）中返回计算结果。

其设计操作步骤如下：

（1）创建一个窗体，包含两个文本框（Text1 和 Text2）和一个命令按钮（Command0）。

（2）通过"属性"对话框分别将文本标签的标题改为"请输入半径"、"面积"，将 Command0 命令按钮的标题改为"确定"。

（3）选中命令按钮 Command0，单击右键，在弹出的快捷菜单中选择"事件生成器"，然后在"选择生成器"对话框中选择"代码生成器"，启动"代码窗口"。

（4）在 VBE 代码窗口中，系统生成 Command0 的 Click 事件过程。设置代码如下：

```
Private Sub Command0_Click()
    Dim R As Single, S As Single
    R = Val(Me!Text1)
    S = 0
    If (R <= 0) Then
        MsgBox "半径必须大于 0！"
    Else
        Area R, S
    End If
    Me!Text2 = S
End Sub

Public Sub Area(x As Single, y As Single)
    Const Pi = 3.1415926
    y = Pi * x * x
End Sub
```

2．设计一个用户登录窗体

设计一个用户登录窗体，输入用户名和密码，若用户名和密码都正确，显示"欢迎进入"；反之，则显示"信息错，拒绝进入"。

（1）通过设计视图设计一个窗体，命名为"账号密码"，标题为"用户登录"。

（2）在窗体上设计两个文本框，用于用户输入账号和密码。在账号文本框上单击右键，在快捷菜单中选择"属性"命令，弹出如图 2.16.1 所示的对话框。在属性对话框中设置"名称"username。在密码文本框上单击右键，在快捷菜单中选择"属性"命令，在属性对话框中设置"名称"userpassword，"输入掩码"属性"密码"，如图 2.16.2 所示。

图 2.16.1　文本框属性

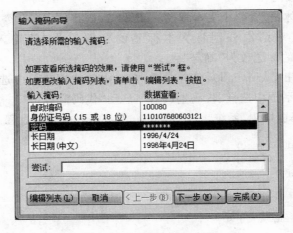

图 2.16.2　输入掩码向导

（3）在窗体上设置一个命令按钮。在命令按钮的属性对话框中设置"名称"为 OK，"标题"为"确认"。

（4）设置事件代码。在命令按钮 OK 对象输入 Click 事件代码如下：

```
Private Sub OK_Click()
If UCase(Me!username) = "caicai" And UCase(Me!userpassword) = "123" Then
```

```
      MsgBox ("欢迎使用")
Else
      MsgBox ("信息错,拒绝进入")
      DoCmd.Close
End If

On Error GoTo Err_ok_click
      DoCmd.Close
Exit_ok_click:
      Exit Sub
Err_ok_click:
MsgBox Err.Description
Resume Exit_ok_click
End Sub
```

（5）保存模块和窗体。进入数据库窗口,运行"设置密码"窗体。

由于原始账号是 caicai,密码是"123",若输入账号和密码都正确,弹出"欢迎使用"对话框,否则弹出"信息错,拒绝进入"错误提示对话框。

三、回答问题并填写实验报告

上机操作,编写并验证实验内容中的程序,最后给出程序运行结果。

实验17 数据库的加密与签名

一、实验目的和要求

(1) 掌握为数据库文件设置密码的方法。
(2) 掌握签名数据库文件的方法。

二、实验内容

1. 为数据库文件设置密码

对数据加密是保障数据机密性的重要手段。下面为"项目管理.accdb"设置密码。首先,以独占方式打开数据库文件"项目管理.accdb",如图 2.17.1 所示。

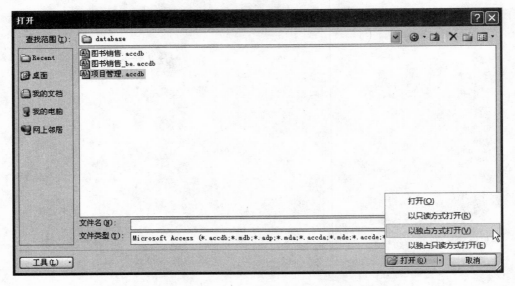

图 2.17.1　以独占方式打开数据库

然后在 Backstage 视图中单击"信息",再单击"用密码进行加密",如图 2.17.2 所示。

在出现的"设置数据库密码"对话框中输入设置的密码,如图 2.17.3 所示。最后,关闭该文件。

图 2.17.2　用密码进行加密

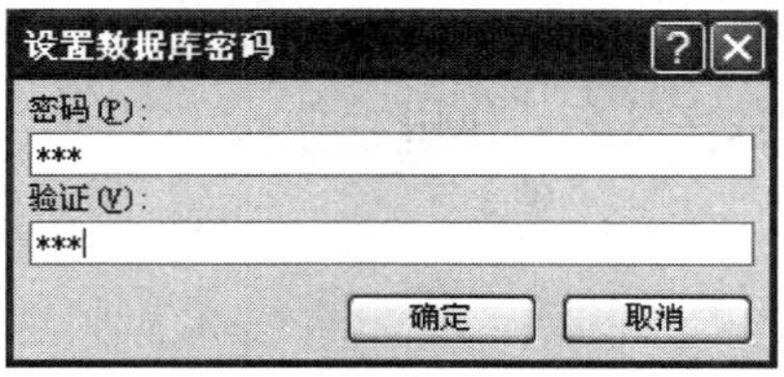

图 2.17.3　设置密码

2. 对数据库进行签名

对数据进行签名是保障数据完整性的重要手段。下面为已设置密码的"项目管理.accdb"进行签名。

首先生成签名用的数字证书。选择"开始"|"所有程序"|Microsoft Office|"Microsoft Office 2010 工具"|"VBA 工程的数字证书"命令，在弹出的"创建数字证书"对话框中输入数字证书的名称"项目管理"，然后单击"确定"按钮即可生成数字证书。

双击"项目管理.accdb"文件，输入之前设置的密码，打开数据库文件。在"文件"选项卡中单击"保存并发布"，然后在"高级"下单击"打包并签署"，将出现"选择证书"对话框，从中选择刚才创建的"项目管理"证书，然后单击"确定"按钮，出现"创建 Microsoft Office Access 签名包"对话框。在"保存位置"列表中为签名的数据库包选择一个位置，如图 2.17.4 所示。在"文件名"框中为签名包输入名称，然后单击"创建"按钮，Access 将创建.accdc 文件并将其放置在设定的位置。

三、回答问题并填写实验报告

（1）对数据库进行加密和签名分别可以保证数据的什么性质？

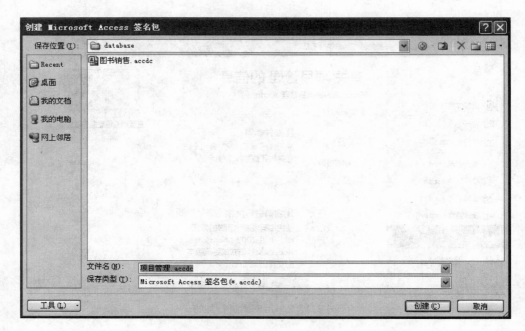

图 2.17.4　创建签名包

(2) 查阅相关资料,阐述数字签名的作用。

实验18

Web 应用环境的构建

一、实验目的和要求

（1）了解 Web 环境搭建的目的。
（2）熟悉 IIS 的安装及设置。
（3）掌握 ASP 的配置方法。
（4）初步掌握 Web 站点的配置。

二、实验内容

1. IIS 的安装及设置过程

IIS 是微软提供的 Web 服务器。在安装 Windows 7 系统时安装 IIS 的过程如下：

单击"开始"菜单，选择"控制面板"|"程序"|"程序和功能"|"打开或关闭 Windows 功能"命令，弹出如图 2.18.1 所示的窗口，勾选所需选项，单击"确定"按钮，即可安装 IIS。

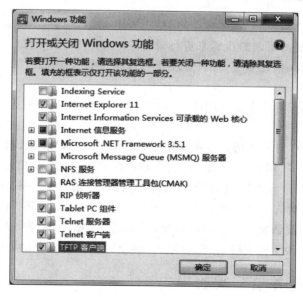

图 2.18.1 IIS 安装界面

若需要在桌面创建 IIS 快捷图标，打开控制面板"系统和安全"中的"管理工具"窗口，选中"Internet 信息服务（IIS）管理器"，单击右键，选择"发送到"|"桌面快捷方式"。

2. 配置 ASP

单击"开始"菜单，选择"控制面板"|"管理工具"|"Internet 信息服务（IIS）管理器"|"网站"| Default Web Site，打开对象窗口。双击窗口中的 ASP，打开 ASP 设置窗口如图 2.18.2 所示。

在 ASP 设置窗口中将"启用父路径"设置为 True。

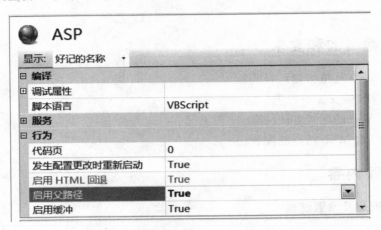

图 2.18.2　启用父路径设置窗口

3. Web 站点的配置

IIS 安装好后，系统自动创建了一个默认的 Web 站点，名称为 Default Web Site。要创建自己的站点，则需要按下面的步骤来进行设置。

（1）打开"Internet 信息服务（IIS）管理器"，选中"网站"，单击右键，在快捷菜单中选中"添加网站"命令。

（2）在"添加网站"窗口中设置网站名称为"test_site"，物理路径为"E:\test\webpage"，端口号设置为"8080"。

（3）将创建的站点与站点所在主机绑定。选中"test_site"站点，选中窗口右侧的"编辑网站"下的"绑定"，打开"网站绑定"窗口，如果站点在本机上，IP 可填可不填，若站点在办公室的局域网上，则在"IP 地址"栏中填上局域网的网络号，如"192.168.＊＊.＊＊"。

（4）设置站点的默认打开文档（首页）。设置默认文档时，打开"IIS 管理器"|"功能视图"|"默认文档"。在默认文档设置窗口右侧的"操作"窗格中，单击"添加"按钮，在"名称"框中输入要添加的默认文档文件名，然后单击"确定"按钮，设置窗口如图 2.18.3 所示。

三、回答问题并填写实验报告

（1）如何安装 IIS？

（2）安装完 IIS 后，后续还要做哪些工作？

图 2.18.3   设置默认文档

（3）为什么要进行站点的绑定？

实验19 简单的动态网页示例

一、实验目的和要求

(1) 了解 ADO 访问 Access 2010 数据库驱动程序的设置操作。

(2) 了解 ASP 中联接 Access 2010 数据库的方法。

(3) 了解用 ASP 编写简单的网页,并实现对 Access 数据库的访问操作。

二、实验内容

完成本地计算机上 IIS 服务环境搭建后,下面以"项目管理"数据库为操作对象,以 ASP 为网页编程软件,实现网页对数据库中数据的操作。

1. 数据库驱动程序的设置

要利用 ADO 访问 Access 数据库,先要验证计算机上是否安装了 Access 驱动程序。

(1) 在"开始"菜单中选择"控制面板"中的"管理工具"|"数据源(ODBC)"|"驱动程序"选项卡,可以查看本机上安装的驱动程序,如果驱动程序中包含"Microsoft Access Driver(*.mdb, *.accdb)",则表明 Access 驱动程序已安装。

(2) 建立数据源。选择"管理工具"|"数据源(ODBC)",打开"ODBC 数据源管理器"对话框,选择"系统 DSN"选项卡,单击"添加"按钮,在"创建新数据源"对话框中选择"Microsoft Access Driver(*.mdb, *.accdb)",单击"完成"按钮。

(3) 在弹出的"ODBC Microsoft Access 安装"对话框的"数据源名(N)"中输入"xiang_mu",然后单击"选择"按钮,在"选择数据库"对话框中选取"项目管理"数据库,最后单击"确定"按钮,如图 2.19.1 所示。

图 2.19.1　设置 Access 数据库并命名数据源

2. 在 ASP 中应用 ADO 访问 Access 数据库的联接方法

在 ASP 中应用 ADO 访问 Access 数据库,可采用以下三种联接方法:

- 使用 ODBC 联接。
- 使用 DSN 联接。
- 通过 OLE DB 的方式联接。

下面是采用 DSN 方式联接数据库的程序代码示意:

```
<%
    '创建 ADO DB.Connection 对象
    Set Conn = Server.Createobject("Adodb.Connection")
    '依据联接的数据库设置联接字符串
    Conn.Open   "DSN = xiang_mu "
    Set rs = Server.CreatObject("ADODB.Recordset")
    Rs.Open 表名或 SQL 指令,Connection 对象,RecordSet 类型,锁定类型…
%>
```

3. 编写一个简单的 ASP 程序

在前面设置的基础上,本实验主要目的是建立 ASP 程序与数据库间的联接,并实现"项目管理"数据库中教师表记录数据的显示。

(1) 在记事本中编写以下程序:

```
<% @language = VBScript %>
    <%
    Dim conn
    Set conn = Server.CreateObject("Adodb.Connection")
    conn.open "Provider = Microsoft.ACE.OLEDB.12.0;Data Source = " & Server.MapPath("项目管理.
accdb")
    strSQL = "select * from 教师"        //教师:指的是教师表
    Set rs = conn.execute(strSQL)
%> //上面的程序代码实现了与数据库的联接,并将"教师"表中的数据放到 Recordset 对象集中
<html>
<head>
    <title>显示教师表中的记录</title>
</head>
<body topmargin = "10" leftmargin = "10">
    <p align = "center">
    <font size = "4">教师信息表:</></font><br>
    <table width = "90%" align = "center" border = 1>
    <tr height = "35">
        <td align = "center">工号</td>
        <td align = "center">姓名</td>
        <td align = "center">性别</td>
        <td align = "center">职称</td>
        <td align = "center">学院编号</td>
    </tr>
<%
```

```
do while (not rs.eof)
  response.write"< TR >"
  response.write"< TD align = center >  "&rs("工号")&"  </TD >"
  response.write"< TD align = center >  "&rs("姓名")&"  </TD >"
  response.write"< TD align = center >  "&rs("性别")&"  </TD >"
  response.write"< TD align = center >  "&rs("职称")&"  </TD >"
  response.write"< TD align = center >  "&rs("学院编号")&"  </TD >"
  response.write "</TR >"
  rs.MoveNext
loop
rs.Close
Set rs = Nothing
conn.Close
Set conn = Nothing
%>                                          //通过循环将表中的记录一条一条显示在表格中
</table >
</body >
</html >                                    //在网页上实现 Recordset 集中记录的显示
```

(2) 将上面的代码保存到 E:\test\webpage 中，因为是用 ASP 编写的，程序文件命名为 example.asp，如 example.asp 。

(3) 在浏览器地址栏中输入地址“http://127.0.0.1:8080/example.asp”。

(4) 代码执行结果如图 2.19.2 所示。

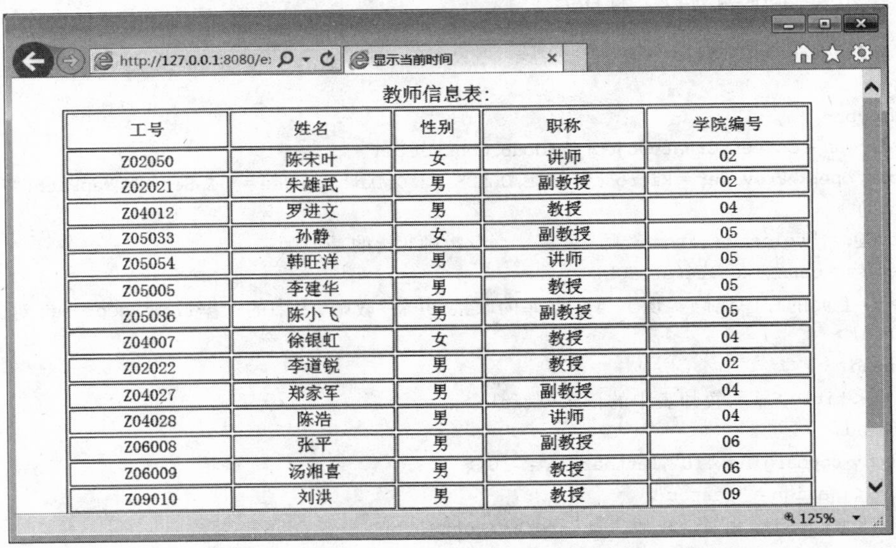

教师信息表：

工号	姓名	性别	职称	学院编号
Z02050	陈宋叶	女	讲师	02
Z02021	朱雄武	男	副教授	02
Z04012	罗进文	男	教授	04
Z05033	孙静	女	副教授	05
Z05054	韩旺洋	男	讲师	05
Z05005	李建华	男	教授	05
Z05036	陈小飞	男	副教授	05
Z04007	徐银虹	女	教授	04
Z02022	李道锐	男	教授	02
Z04027	郑家军	男	副教授	04
Z04028	陈浩	男	讲师	04
Z06008	张平	男	副教授	06
Z06009	汤湘喜	男	教授	06
Z09010	刘洪	男	教授	09

图 2.19.2　程序运行结果

三、回答问题并填写实验报告

(1) 如何设置数据库驱动程序和数据源？

(2) 在 ASP 中用 ADO 访问 Access 数据库有几种联接方法？各种联接方法的特点是什么？

实验 20

XML与Access之间的数据交换

一、实验目的和要求

（1）掌握将 XML 数据导入到 Access 数据库中的方法。

（2）掌握将 Access 数据库表的数据导出到 XML 文件中的方法。

二、实验内容

XML 目前已经是数据交换的标准。用 XML 标记标识的数据与操作数据的软件是无关的，因此 XML 可以作为数据交换的平台，实现与 Access 数据库间的数据交换。

1. 将 Access 数据库中表的数据导出到 XML 文件中

将"项目管理"数据库中"教师"表导出为 XML 文档。操作过程如下：

（1）进入"项目管理"数据库窗口，选择"教师"表，单击右键，在弹出的菜单中选择"导出"|"XML 文件"命令，弹出"导出-XML 文件"对话框，如图 2.20.1 所示。

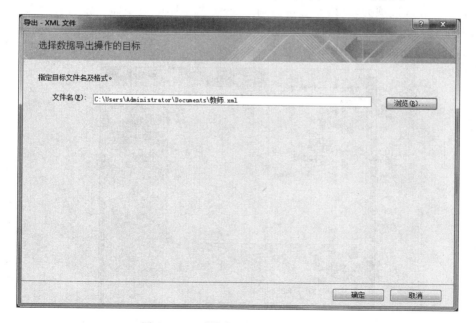

图 2.20.1 "导出-XML 文件"对话框

（2）设定保存路径为 E:\BOOKSALE,保存文件名为"教师.xml"。单击"确定"按钮，弹出图 2.20.2 所示的导出信息类型选择对话框，其中的 XML 为保存数据的类型，XSD 为保存数据的结构描述，XSL 则为保存导出显示数据的格式化信息。

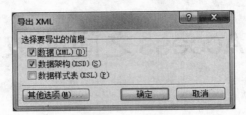

图 2.20.2　导出信息类型设置

（3）选中"数据（XML）"和"数据架构（XSD）"复选框，单击"确定"按钮，"教师"表中的数据就导入到了 XML 文档中。

2．将 XML 文档中的数据导入到 Access 数据库中

将上述创建的"教师.xml"导入"项目管理"数据库。

（1）打开"项目管理.accdb"数据库，在导航窗格选中任何一个表，单击右键，在快捷菜单中选择"导入"|"XML 文件"命令。

（2）打开"获取外部数据-XML 文件"对话框，选择要导入的"教师.xml"文档所在的路径 E:\BOOKSALE。

（3）选中"教师.xml"文件，依次单击"打开"和"确定"按钮，弹出"导入 XML"对话框，如图 2.20.3 所示。在该对话框中导入选项有三种选择，若选择"仅结构"是指导入 XML 文档时，只导入 XML 文档中元素的结构，而不导入数据，在 Access 数据库中会生成一张没有数据的新表；若导入选项为"结构和数据"，则 Access 数据库中会添加一张新表，XML 文档的结构和数据会一起导入到该表中；若导入选项为"将数据追加到现有的表中"，则会把 XML 文档中的数据追加到选中的表当中。

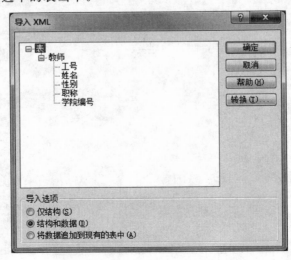

图 2.20.3　"导入 XML"对话框

（4）选择"结构和数据"单选按钮，单击"确定"按钮，XML文档导入成功。由于已有"教师"表，Access自动将新表命名为"教师1"。

三、回答问题并填写实验报告

（1）如何将XML文档中的数据导入到Access数据表中，导入选项中的"仅结构"、"结构和数据"、"将数据追加到现有的表中"这三项有何不同？

（2）在将Access数据表导出到XML文档中时，有哪几种保存类型？各有何特点和区别？

查询的导出及其结果

一、实验目的和要求

掌握将查询结果导出的方法。

二、实验内容

1. 设计查询

在"项目管理"数据库中设计一个查询，获得籍贯为"湖北省"、民族为"汉族"的所有学生的信息。使用 SQL 语句设计。进入查询的"SQL 视图"，输入语句：

```
SELECT 学生.*
    FROM 学生
    WHERE 学生.[民族] = "汉"AND 学生.[籍贯] LIKE " * 湖北省 * ";
```

单击"运行"按钮，可以看到查询结果，如图 2.21.1 所示。

学号	姓名	性别	生日	民族	籍贯	专业编号	简
11040345	郭爱玲	女	1993/9/12	汉	湖北省武汉市	0402	
12090111	潘东	男	1993/12/1	汉	湖北省宜昌市	0904	
10053113	唐李生	男	1992/4/19	汉	湖北省麻城	0501	
11093325	史玉磊	男	1993/9/11	汉	湖北省孝感市	0904	
11020113	许洪峰	男	1992/10/18	汉	湖北省孝感市	0201	
11020155	卢茹	女	1993/1/1	汉	湖北省天门市	0201	

记录：第 1 项(共 6 项)　无筛选器　搜索

图 2.21.1　查询结果

单击"保存"按钮，命名该查询为"湖北_汉"。

2. 将查询结果导出为 PDF 文件并保存

在导航窗格中选择"湖北_汉"查询单击右键，如图 2.21.2 所示。

在菜单中选择"导出"|"PDF 或 XPS"命令，在弹出的"发布为 PDF 或 XPS"窗口中为输出文件指定保存路径和文件名，然后单击"发布"按钮，如图 2.21.3 所示。

输出的 PDF 文件在阅读器中如图 2.21.4 所示。

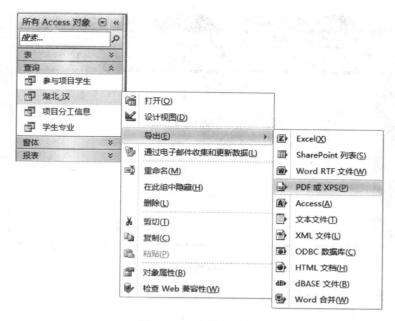

图 2.21.2 "导出"菜单

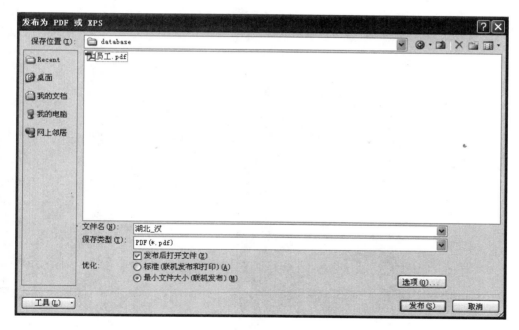

图 2.21.3 设置输出文件

三、回答问题并填写实验报告

（1）在设计比较复杂的查询时，可以先利用"查询向导"来设计查询的初步架构，然后转到 SQL 视图下继续编写查询的细节代码。请用这种方法重新设计本实验的查询，看看是否

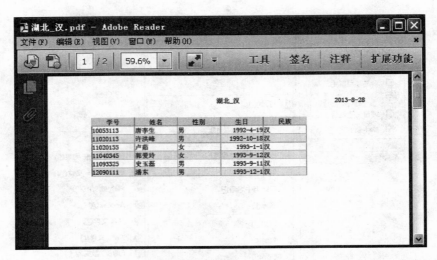

图 2.21.4　输出 PDF 文件

可以提高设计查询的工作效率。

（2）除了查询外，还有哪些对象可以导出数据？

（3）除了 PDF 格式外，数据还可以导出为哪些格式？

数据库信息的文档整理

一、实验目的和要求

掌握数据库信息的文档整理和输出方法。

二、实验内容

将"项目管理"中的所有表和部分查询的信息整理为文档,并以 PDF 格式保存。

打开"项目管理"数据库,单击"数据库工具"选项卡"分析"组中"数据库文档管理器"按钮,弹出"文档管理器"对话框,选中"表"标签,如图 2.22.1 所示。

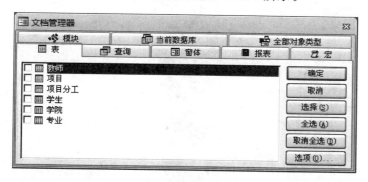

图 2.22.1 "文档管理器"对话框

选中"表"标签,然后单击"全选"按钮。切换到"查询"标签下,勾选"湖北_汉"。然后单击"确定"按钮,即可看到文档预览。

单击"打印预览"选项卡"数据"组中"PDF 或 XPS"按钮,在弹出的"发布为 PDF 或 XPS"窗口中为输出文件指定保存路径和文件名("表和查询信息"),然后单击"发布"按钮,如图 2.22.2 所示。Access 在指定路径下生成表和查询信息的 PDF 文档。

三、回答问题并填写实验报告

(1) 除表和查询外,还可以为哪些对象生成信息文档?

(2) 除 PDF 格式外,生成的信息文档还可以保存为哪些格式?

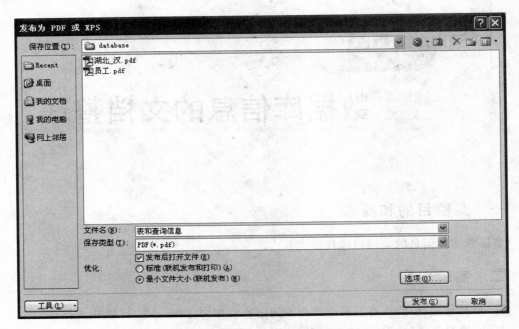

图 2.22.2　设置输出文件属性

实验 23

Access数据库数据的导入、导出和链接

一、实验目的和要求

（1）创建用于导入、导出和链接实验的数据库和相关文件。

（2）完成导出不同类型文件的操作，并生成导出文件。

（3）导入不同类型文件到数据库中。

（4）链接不同类型文件到数据库中。

（5）对链接文件移动位置，并利用"链接表管理器"刷新其链接。

（6）删除链接文件和导入文件。

二、实验内容

将每步操作的实验界面进行截图并记载下来。

1. 创建 Access 数据库及数据库表

（1）创建一个文件夹（文件夹命名规则：＜学号＞＜姓名＞实验 23），并将其转换为当前文件夹。在其中创建两个 Access 数据库，分别为"单位人事管理.accdb"和"A 部门人事管理.accdb"。

（2）在"A 部门人事管理"数据库中创建一个人事管理数据库表"A 部门人事档案"，并输入若干行数据记录到该表中。

"A 部门人事档案"表由以下字段构成：工号、姓名、性别、职务、党派、年龄、电话。

（3）"单位人事管理"数据库为空。

2. 导出到外部数据文件

导出"A 部门人事管理"数据库中的"A 部门人事档案"表。导出方法参见实验 21。导出三种类型的文件到当前文件夹中：

- A 部门人事档案.xlsx。
- A 部门人事档案.txt。
- A 部门人事档案.html。

3．导入外部数据文件

打开"单位人事管理．accdb"数据库，导入外部数据文件。导入操作可使用"外部数据"选项卡的"导入并链接"组的命令按钮。

导入三种类型的文件到当前数据库中：

- "A 部门人事管理"数据库中的"A 部门人事档案"数据库表。
- 当前文件夹中"A 部门人事档案．xlsx"。
- 当前文件夹中"A 部门人事档案．xlsx"。
- 当前文件夹中"A 部门人事档案．txt"。

4．链接外部数据文件

对"单位人事管理"数据库链接外部数据文件。链接操作与导入类似。

链接三种类型的文件到当前数据库中：

- 当前文件夹中"A 部门人事档案．xlsx"。
- 当前文件夹中"A 部门人事档案．txt"。
- 当前文件夹中"A 部门人事档案．html"。

5．"链接表管理器"的使用

将上一步骤链接的当前文件夹中"A 部门人事档案．html"移动到另一文件夹中，打开"单位人事管理"数据库，对数据库中链接"A 部门人事档案．html"文件运用"链接表管理器"进行刷新处理。

6．删除链接文件和导入文件

打开"单位人事管理"数据库，对数据库中链接或导入的外部数据文件进行删除。

三、回答问题并填写实验报告

（1）导入文件和链接文件在数据库中的图标有何不同？

（2）构建外部数据表的一个查询方法和步骤。

（3）在数据库中重命名链接的外部表和直接对外部数据表重命名有何不同？

实验 24

使用Excel的"数据有效性"

一、实验目的和要求

（1）了解并掌握在 Excel 数据列表中指定有效性条件。

（2）了解并掌握指定有效性输入信息和出错信息。

（3）了解并掌握使用"数据有效性"创建下拉列表。

二、实验内容

将每步操作的实验界面进行截图并记载下来。

（1）创建 Excel 工作表文件夹，本实验的内容存储于该文件夹中。

文件夹命名规则：＜学号＞＜姓名＞实验 24

（2）创建 Excel 工作表。

创建一个名为"A 部门人事档案.xlsx"的表，或利用实验 23 中导出的 Excel 表文件。

电子表由下列标签构成：工号、姓名、性别、职务、党派、年龄、电话。

工号、姓名、电话为"任何值"类型；性别、职务、党派为"序列"类型；年龄为"整数"类型。

（3）"年龄"的设置和指定有效性输入信息和出错信息。

年龄为"整数"类型。设其最小值为1，最大值为90。

输入年龄时，提示输入数据的上下限值，出错时，"出错警告"设置"样式"为"警告"，警告提示内容自定义。

（4）性别、职务、党派为"序列"的设置。

性别取值为：男和女，在"来源"框中直接输入。

职务取值为：厅长、局长、处长、科长、科员。存放于本工作表中的另一区域。

党派取值为：共产党、国民党、中国民主同盟、中国民主建国会、中国民主促进会、中国农工民主党、中国致公党、九三学社、台湾民主自治同盟。存放于另一个工作表中。

三、回答问题并填写实验报告

（1）对"年龄"无效输入数据进行审核，无效输入数据说明什么？

（2）党派"序列"的"来源"设置要注意什么问题？

（3）对"性别"有效性进行删除的操作步骤是什么？

（4）如图 2.24.1 所示，如果职称分为"教授"和"副教授"，而且规定：

取值为"教授"时，级别指标又分为：教授一级、教授二级、教授三级、教授四级；

取值为"副教授"时，级别指标又分为：副教授一级、副教授二级、副教授三级。

试问："序列"又该如何设置？

提示："级别"序列中要使用 IF 函数。例如 C3 单元格的数据有效性设置为：

$$= IF(\ \$ B3 = "教授", \$ E\$ 3 : \$ E\$ 5, \$ F\$ 3 : \$ F\$ 6)$$

图 2.24.1　设置输出文件属性

使用Excel的"高级筛选"

一、实验目的和要求

（1）了解并掌握并列关系筛选条件的实现。
（2）了解并掌握或者关系筛选条件的实现。

二、实验内容

将每步操作的实验界面进行截图并记载下来。

（1）创建 Excel 工作表文件夹，本实验的内容存储于该文件夹中。

文件夹命名规则：＜学号＞＜姓名＞实验 25。

（2）创建 Excel 工作表。

创建 Excel 工作表"A 部门人事档案"，或利用前面实验中的 Excel 表文件。

Excel 工作表由以下列标签构成：工号、姓名、性别、职务、党派、年龄、电话。

（3）并列关系筛选。

设置：年龄大于 50，并且职务为"处长"的人。

（4）或者关系筛选。

设置：年龄大于 50，并且职务为"处长"的人；或者年龄大于 50，党派是"中国致公党"的人。

三、回答问题并填写实验报告

（1）条件在同一行或不同行上给出时有什么不同？
（2）条件区域至少由几行构成？最好将条件区域行放在 Excel 表的什么位置？

实验 26
使用Excel的"数据分析"

一、实验目的和要求

（1）创建存放某游戏产品市场调查结果表。
（2）对游戏产品市场调查结果进行抽样。
（3）对抽样数据进行"回归分析"。

二、实验内容

将每步操作的实验界面进行截图并记载下来。

（1）创建 Excel 工作表文件夹，本实验的内容存储于该文件夹中。

文件夹命名规则：＜学号＞＜姓名＞实验 26。

（2）创建"市场回馈数据"工作表，存放某游戏产品市场调查结果。工作表格式如图 2.26.1 所示。

（3）创建抽样数据表"市场回馈数据抽样"工作表，格式如图 2.26.2 所示，并对各指标进行抽样，抽样数据填入该表。

图 2.26.1　市场回馈数据工作表

（4）运用"数据分析"工具下的"回归分析"对抽样数据中的"调查者年龄"、"消费点数"、"兴趣评分"三组数据之间的关系进行回归分析。

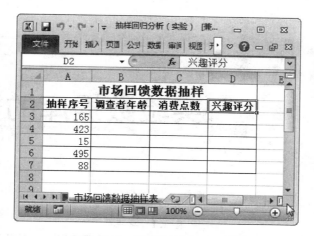

图 2.26.2 市场回馈数据抽样表

三、回答问题并填写实验报告

（1）抽样表中的"抽样序号"下面的值每次抽样时是否一样，为什么？

（2）运用"数据分析"工具下的"指数平滑"对"市场回馈数据"中的"兴趣评分"数据进行分析，并给出相应的图表输出结果。

附录 A

实验数据库的数据

实验数据库的数据如附表 A.1~附表 A.6 所示。

附表 A.1　学院

学院编号	学院名称	院长	办公电话
01	外国语学院	叶秋宜	02788381101
02	人文学院	李容	02788381102
03	金融学院	王汉生	02788381103
04	法学院	乔亚	02788381104
05	工商管理学院	张绪	02788381105
06	会计学院	张一非	02788381107
09	信息学院	杨新	02788381109

附表 A.2　教师

工号	姓名	性别	职称	学院编号
Z02021	朱雄武	男	副教授	02
Z02022	李道锐	男	教授	02
Z02050	陈宋叶	女	讲师	02
Z04007	徐银虹	女	教授	04
Z04012	罗进文	男	教授	04
Z04027	郑家军	男	副教授	04
Z04028	陈浩	男	讲师	04
Z05005	李建华	男	教授	05
Z05033	孙静	女	副教授	05
Z05036	陈小飞	男	副教授	05
Z05054	韩旺洋	男	讲师	05
Z06008	张平	男	副教授	06
Z06009	汤湘喜	男	教授	06
Z09010	刘洪	男	教授	09
Z09016	阮新新	男	副教授	09
Z09021	曲心	女	副教授	09

附表 A.3 专业

专业编号	专业名称	专业类别	学院编号
0201	新闻学	人文	02
0301	金融学	经济学	03
0302	投资学	经济学	03
0402	民法学	法学	04
0403	国际法	法学	04
0501	工商管理	管理学	05
0503	市场营销	管理学	05
0602	会计学	管理学	06
0902	信息管理	管理学	09
0904	计算机科学与技术	工学	09

附表 A.4 学生

学号	姓名	性别	生日	民族	籍贯	专业编号	简历	登记照
10041138	华美	女	1991/11/9	汉	河北省保定市	0403		
10053113	唐李生	男	1992/4/19	汉	湖北省麻城	0501		
11020113	许洪峰	男	1992/10/18	汉	湖北省孝感市	0201		
11020123	宋佳倩	女	1993/10/22	汉	安徽省合肥市	0201		
11020154	杨沛	女	1992/12/1	汉	河南省郑州市	0201		
11020155	卢茹	女	1993/1/1	汉	湖北省天门市	0201		
11040345	郭爱玲	女	1993/9/12	汉	湖北省武汉市	0402		
11040362	胡雪	女	1994/2/1	汉	江西省婺源县	0402		
11040420	邱丽	女	1993/11/21	汉	河北省保定市	0402		
11040811	万成阳	男	1994/4/1	汉	福建省厦门市	0402		
11042219	黄耀	男	1993/1/2	汉	黑龙江省牡丹江市	0403		
11045120	刘权利	男	1993/10/20	回	湖北省武汉市	0403		
11093305	郑家谋	男	1993/3/24	汉	上海市	0904		
11093317	凌晨	女	1993/6/28	汉	浙江省温州市	0904		
11093325	史玉磊	男	1993/9/11	汉	湖北省孝感市	0904		
11093342	罗家艳	女	1994/5/16	满	北京市	0904		
12041127	巴朗	男	1994/9/25	蒙古	内蒙古包头市	0403		
12041136	徐栋梁	男	1994/12/20	回	陕西省咸阳市	0403		
12045142	郝明星	女	1994/11/27	满	辽宁省大连市	0403		
12050233	孔江三	男	1994/9/2	汉	山东省曲阜市	0501		
12050551	赵娜	女	1994/7/7	汉	天津市	0501		
12053101	高猛	男	1993/2/3	汉	湖北省黄石市	0501		
12053116	陆敏	女	1994/3/18	汉	广东省东莞市	0501		
12053124	多桑	男	1992/10/26	藏	西藏拉萨市	0501		
12053131	林惠萍	女	1993/12/4	壮	广西柳州市	0501		
12053160	郭政强	男	1994/6/10	土家	湖南省吉首	0501		
12055117	王燕	女	1994/8/2	回	河南省安阳市	0501		
12090111	潘东	男	1993/12/1	汉	湖北省宜昌市	0904		
12090231	王宇	男	1994/10/8	汉	陕西省延安市	0904		

附表 A.5 项目

项目编号	项目名称	项目类别	立项日期	完成年限	经费	是否结项	指导教师工号
1210520002	探索人文学科人才培养的困境与出路	国家级重点	2012/5/10	2	￥20000		Z02021
1210520006	农村中小学"撤点并校"的现状、问题及改善途径研究	国家级重点	2012/5/10	2	￥20000		Z02050
1210520008	关于"虚拟养老模式"的地区适应性研究及前景分析	国家级一般	2012/5/10	1	￥10000		Z05033
1210520009	异质信息对投资行为影响的模拟实验研究	国家级一般	2012/5/10	1	￥10000	✓	Z05036
1210520010	我国城镇居民寿险消费行为有限理性的实验研究	国家级一般	2012/5/10	1	￥10000	✓	Z05054
1210520011	PM2.5环境强制责任险市场前景预测——基于模糊综合评价模型研究	国家级重点	2012/5/10	2	￥20000		Z05005
1310520001	效率均衡下食品安全保障的路径改善——基于食责险强制化的实证研究	国家级重点	2013/5/20	2	￥20000		Z04007
1310520009	农业现代化进程下休闲观光农业发展的法律保障机制问题的实证研究	国家级一般	2013/5/20	1	￥10000		Z04027
1310520012	城镇化进程中行政规划的司法救济研究	校级	2013/5/20	1	￥5000		Z04028
1310520021	漫画动画化过程中的著作权保护	校级	2013/5/20	1	￥5000	✓	Z09010
1310520026	养老金双轨制合并的可行性分析和对策研究	国家级重点	2013/5/20	2	￥20000		Z06009
1310520031	基于无线局域网的室内定位系统的实现与商业应用	国家级重点	2013/5/20	2	￥20000		Z09021
1310520034	用我的声音做你的眼睛——基于图像识别技术的盲人助行系统	国家级一般	2013/5/20	1	￥10000		Z09016

附表 A.6 项目分工

项目编号	学 号	分工
1210520002	11020113	负责人
1210520002	11020123	成员
1210520002	11020154	成员
1210520006	11020155	负责人
1210520006	11020154	成员
1210520006	12045142	成员
1210520008	10053113	负责人

续表

项目编号	学　号	分工
1210520008	10041138	成员
1210520008	11042219	成员
1210520009	12053116	负责人
1210520009	12053160	成员
1210520009	12090111	成员
1210520010	12053131	负责人
1210520010	12053160	成员
1210520010	12090231	成员
1210520011	12053160	负责人
1210520011	12053101	成员
1210520011	11045120	成员
1310520001	12050551	负责人
1310520001	12041136	成员
1310520001	12055117	成员
1310520009	12050233	负责人
1310520009	12050551	成员
1310520009	12041127	成员
1310520021	12090231	负责人
1310520021	12090111	成员
1310520012	12041127	负责人
1310520012	12045142	成员
1310520026	12053101	负责人
1310520026	12053116	成员
1310520026	12055117	成员
1310520031	11093325	负责人
1310520031	11093305	成员
1310520031	11045120	成员
1310520034	11093305	负责人
1310520034	11093317	成员
1310520034	11093342	成员

附录 B

各章习题参考答案

第 1 章

1.2.1 单项选择题

1. D　　2. C　　3. C　　4. D　　5. A　　6. B　　7. B　　8. A　　9. C

10. B　　11. C　　12. C　　13. B　　14. B　　15. D　　16. A　　17. B　　18. B

1.2.2 填空题

1. 静态信息　动态信息　事物间联系的信息
2. 可共享性　易存储性　可压缩性　易传播性
3. 内涵　载体
4. 手工管理　文件系统　数据库系统
5. 层次模型　网状模型　关系模型
6. 数据结构　数据操作　数据约束
7. 元组　属性
8. 实体完整性　参照完整性　域完整性　用户定义的完整性
9. 候选键　外键
10. 客户机/服务器　浏览器/服务器
11. 联机事务处理　联机分析处理
12. accdb
13. 表　查询　报表

1.2.3 简答题

1. 信息是对现实世界各种事物的存在特征、运动形态以及不同事物间的相互联系等诸要素的描述。

信息具有可共享性、易存储性、可压缩性、易传播性等。

目前常用的信息表达方法主要包括数字、文字和语言、公式、图形和曲线、表格、多媒体（包含图像、声音、视频等）、超链接等。

2．数据是指表达信息的符号记录。数据是信息的载体，信息是数据的内涵。

计算机是目前使用最普遍和最重要的信息处理工具。计算机是处理数据的。作为数据的符号在计算机中都转换成二进制符号"0"和"1"进行保存和处理。

3．数据处理是指对数据的收集、整理、组织、存储、维护、加工、查询、传输的过程。数据管理指对数据的组织、存储、查询、维护和传输。数据管理是数据处理中对于数据进行组织、存储和管理的功能，是数据处理的重要组成部分。

4．数据库指长期存储在计算机存储设备上、结构化、可共享、相关联的数据集合。

数据库加上数据库所需要的各种资源组成的计算机系统称为数据库系统。数据库系统主要由数据库、数据库管理系统（DBMS）、相关软硬件、应用程序和相关人员组成。

5．数据库技术是数据管理发展到数据库系统阶段所采用的技术，主要特点包括：数据结构化；数据共享性好、冗余度低；数据独立性强；DBMS统一管理数据库。

6．数据模型就是对客观世界的事物以及事物之间联系的抽象或形式化描述。每种数据模型都有一套完整的方法来建立该数据模型。

数据库技术发展史上有重要影响的三种模型是层次、网状和关系模型。

7．要完整描述一个数据模型，包括数据结构、数据操作和数据约束三个要素。

- 数据结构表明该模型中数据的组织和表示方式。
- 数据操作指对通过该模型表达的数据的运算和操作。
- 数据约束指对数据的限制和约束，以保证存储的数据的正确性和一致性。

8．用关系来表示一个系统内多种实体及其联系的数据模型叫关系模型。

一个关系由表示关系属性结构的表头和元组表示。关系的属性构成就是关系模式。一个关系模式包括关系模式名、关系模式的属性构成、关系模式中涉及的域以及各属性到域的对应情况。将一个系统内所有不同的关系模式列出，就建立了该系统的关系模型。

关系模式反映了关系的型，而关系的各元组是符合关系模式的各种取值，关系是由元组组成的。在同一个关系模式下，可以有很多不同的关系。

9．关系是由行和列组成的二维表（是元组的集合）。关系中的一列称为关系的一个属性，一行称为关系的一个元组。一个元组是由相关联的属性值组成的一组数据。

关系中可以唯一确定（或区分）每个元组的属性或属性组称为候选键，一个关系中可以有多个候选键，指定一个候选键作为该关系的主键。

外键是属于一个关系中的属性或属性组，同时也是另一个关系的主键或候选键，并作为这两个关系联系的纽带，这个属性或属性组就是外键。

10．作为关系的二维表有以下特点：

（1）关系中的每一列属性都是原子属性。

（2）关系中的同一列属性都只能在同一个域中取值。

（3）关系中的属性间没有先后顺序。

（4）关系中元组没有先后顺序。

（5）关系中不能有相同的元组。

11．数据完整性指数据库中数据的正确性与相容性。数据的正确性指数据应符合用户语义；数据的相容性也叫一致性，是指存放在不同关系中的同一个数据必须是一致的。

存放在关系数据库中的数据要满足四类数据完整性约束规则：实体完整性、参照完整性、域完整性和用户定义的完整性。

12. 在关系中,主键能够确定唯一的元组。实体完整性规则是：一个关系中不允许任何元组的主码属性值为空值或部分为空值。

实体完整性规则保证数据库中关系的每个元组都是可以区分和确定的。

13. 参照完整性规则：关系 S 的主键作为外键出现在关系 R 中,它在 R 中的取值只能符合两种情形之一：或者为空值(null)；或者在关系 S 的主键值中存在对应的值。

这一规则也叫引用完整性规则,它用来防止对不存在的数据的引用,保证存在不同关系中的相同对象的值是一致的。

1.2.4　综合应用题

各表的主键和外键及参照表如下：
- "学院"表主键：学院编号。
- "专业"表主键：专业编号；外键：学院编号,参照表："学院"。
- "学生"表主键：学号；外键：专业编号,参照表："专业"。
- "课程"表主键：课程编号；外键：学院编号,参照表："学院"。
- "成绩"表主键：(学号,课程编号)；外键：学号,参照表："学生",课程编号,参照表："课程"。

第 2 章

2.2.1　单项选择题

1. D　　2. B　　3. A　　4. D　　5. B　　6. D　　7. D　　8. B　　9. C
10. B　11. D　12. C　13. A　14. B　15. A　16. A　17. B　18. D
19. C　20. A　21. D　22. B

2.2.2　填空题

1. 投影　选择　联接
2. 部分函数依赖　传递函数依赖　完全函数依赖
3. 3NF
4. 结构化设计法　原型法　面向对象方法
5. 功能需求　信息需求
6. 系统调查与分析　概念设计　逻辑设计　物理设计　实施与测试　运行维护
7. 事物之间联系
8. 实体集　实体型
9. 一对一　一对多　多对多($1:1$、$1:n$、$m:n$)
10. 矩形框　椭圆形框　菱形框
11. 模式　内模式　外模式
12. 插入　删除　修改　查询

2.2.3　简答题

1. 关系代数包括关系的并、交、差、笛卡儿积、投影、选择、联接、除等运算。核心关系运算是选择、投影、联接运算。

2. 一般联接、自然联接相同之处就是这两种运算都是将两个关系的元组按照给定条件进行拼接。不同之处在于，自然联接按照两个关系相同属性进行相等比较，而一般联接可以是不同属性做各种比较，只要可比即可；另外，自然联接的结果保留一个关系的所有属性和另外一个关系的不重复属性，而一般联接的结果保留两个关系的所有属性。

3. 关系函数依赖反映关系属性间的相互关系，定义如下：设有关系 S，X，Y 是 S 上的两个属性或属性组，如果对于 X 的每一个取值，都有唯一一个确定的 Y 值与之对应，则称 X 函数决定 Y，或称 Y 函数依赖于 X，记为：$X \rightarrow Y$。

函数依赖有平凡的函数依赖和非平凡的函数依赖。非平凡函数依赖分为部分依赖、完全依赖和传递依赖几种。

4. 关系候选键定义是：对于关系 S，全体属性集是 U，X 为 U 的子集。若 $X \rightarrow U$ 成立，且没有任何 X 的真子集 X' 使 $X' \rightarrow U$ 成立，则称 X 是 S 的候选键。

一个关系中所有候选键的属性称为关系的主属性，其他的属性为非主属性。

5. 关系范式是关系规范化理论中用来衡量关系规范层级的概念，级别最低的为第一范式，记为 1NF。若关系 R 满足 1NF 的要求，记为 $R \in$ 1NF。目前已有的范式级别为 1NF、2NF、3NF、BCNF、4NF 和 5NF。

1NF 定义：如果一个关系 $R(U)$ 的所有属性都是不可分的原子属性，则 $R \in$ 1NF。

2NF 定义：若关系 $R \in$ 1NF，并且在 R 中不存在非主属性对候选键的部分函数依赖，则 $R \in$ 2NF。

3NF 定义：若关系 $R \in$ 2NF，并且在 R 中不存在非主属性对候选键的传递函数依赖，则 $R \in$ 3NF。

6. 关系规范化就是通过消去关系中的部分和传递函数依赖，来提高关系的范式层级，从而克服低范式造成的问题。达到 3NF 的关系已经能够满足绝大部分的实用要求。

提高关系范式层级的基本方法是对关系进行投影分解，将一个低范式关系分解为多个高范式的关系。

7. 仅达到 1NF 或 2NF 的关系在信息存储和关系操作中存在许多问题，主要包括：

(1) 数据冗余度大、修改不便。

(2) 数据插入异常。发生应该存入的数据而不能存入。

(3) 数据删除异常。在关系中删除无意义的数据会导致有意义的数据被删除。

8. 该关系的键是 U，它至少属于 3NF。

9. 数据库设计是指：对于给定的应用环境，设计构造最优数据库结构，建立数据库及其应用系统，使之能有效地存储数据，对数据进行操作和管理，以满足用户各种需求的过程。

数据库设计的基本步骤包括系统调查与分析、概念设计、逻辑设计、物理设计、实施与测试、运行维护。

10. 概念模型使用用户易于理解的概念、符号、表达方式来描述事物及其联系，它与计算机和实际 DBMS 没有关联，是面向用户和全系统的，用于描述整体数据构成及关系；同时,概念模型又易于向 DBMS 支持的数据模型转化。概念模型也是数据模型。

11. E-R 模型中,实体指现实世界中任何可相互区别的事物。属性指实体某一方面的特性。一个实体由若干个属性来刻画。每个属性都有一个属性名。

用实体名及其属性名集合来抽象和描述同类实体,称为实体型。实体值指每个实体的具体取值。型刻画同类实体的共性,值是每个实体的具体内容。同型实体的集合称为实体集。每个实体是实体集中的一个元素。

12. 实体间的联系方式可以分为如下三类:

(1) 一对一联系。两个实体集 A、B,若 A 中任意一个实体至多与 B 中一个实体对应;反之 B 中任意一个实体至多与 A 中一个实体对应,则称 A 与 B 有一对一联系,记为 $1:1$。

(2) 一对多联系。两个实体集 A、B,若 A 中至少一个实体与 B 中一个以上实体对应;反之 B 中任意一个实体至多与 A 中一个实体对应,则称 A 与 B 有一对多联系,记为 $1:n$。

(3) 多对多联系。两个实体集 A、B,若 A 中至少有一个实体与 B 中一个以上实体对应;反之 B 中至少有一个实体与 A 中一个以上实体对应,则称 A 与 B 有多对多联系,记为 $m:n$。

13. E-R 模型转化为关系模型的转化方法可以归纳为以下几点:

(1) 每个实体型都转化为一个关系模式。实体码成为关系模式的主键。

(2) 实体间的每一种联系都转化为一个关系模式,与联系相关的各实体码成为该关系模式的属性,联系自身的属性成为该关系模式其余的属性。

(3) 对以上转化后得到的关系模式结构按照联系的不同类别进行优化。

$1:1$ 的联系,一般不必要单独成为一个关系模式,可以将它与联系中的任何一方实体转化成的关系模式合并(一般与元组较少的关系合并)。

$1:n$ 的联系可与联系中的 n 方实体转化成的关系模式合并。

$m:n$ 的联系必须单独成为一个关系模式,不能与任何一方实体合并。

14. 概念设计面向用户的概念模型。概念模型主要目的是以用户可以理解的方法将系统内对象及其联系分析清楚,并方便向计算机支持的数据模型转换。

逻辑设计产生面向 DBMS 的数据模型,如关系模型,但并不与特定的 DBMS 有关。

物理设计是将逻辑设计的数据模型结合实际 DBMS,设计出可以实现的数据库结构。

15. 数据库的三级模式体系结构包括模式、外模式和内模式。

模式:又称概念模式,是对数据库的整体逻辑描述,是数据库的全局视图。

内模式:又称存储模式,是数据库真正在存储设备上存放结构的描述。

外模式:又称子模式,是某个应用程序中使用的数据集的描述,是模式的一个子集。

三级模式中,只有内模式真正描述数据存储,模式和外模式仅是数据的逻辑表示,用户通过"外模式/模式"映射和"模式/内模式"映射的转换来使用数据库中的数据。

16. DBMS 即数据库管理系统,是指数据库中管理数据的软件系统,数据库必须由 DBMS 建立、操作和管理,DBMS 是数据库系统的关键部分,是用户与数据库的接口。

DBMS 具有以下基本功能:

(1) 数据库定义功能。

(2) 数据库操纵功能。

(3) 支持程序设计语言。

(4) 数据库运行控制功能。

（5）数据库维护功能。完成数据库的初始装入、转储、重组、登记工作日志等。

常见的 DBMS 有 Oracle、SQL Server、My SQL、Access、Visual FoxPro 等。

2.2.4 关系代数及规范化

1. 关系运算结果。

（1）$R \cup S$、$R \cap S$、$R - S$ 的运算结果如附表 B.2.1～附表 B.2.3 所示。

（2）$\sigma_{A>B}(R)$ 的结果如附表 B.2.4 所示。

（3）$\pi_{A,C}(S)$ 的结果如附表 B.2.5 所示。

（4）$R \underset{R.A<P.A}{\bowtie} P$ 的结果如附表 B.2.6 所示。

（5）$\pi_{A,C}(S) \bowtie P$ 的结果如附表 B.2.7 所示。

附表 B.2.1 $R \cup S$

A	B	C
1	1	c1
2	3	2
3	2	c1
2	1	c2
1	2	c2

附表 B.2.2 $R \cap S$

A	B	C
1	1	c1
2	3	c2

附表 B.2.3 $R - S$

A	B	C
3	2	c1

附表 B.2.4 $\sigma_{A>B}(R)$

A	B	C
3	2	c1

附表 B.2.5 $\pi_{A,C}(S)$

A	C
2	c2
1	c1
1	c2

附表 B.2.6 $R \underset{R.A<P.A}{\bowtie} P$

R.A	B	C	P.A	D	E
1	1	c1	2	d3	e1
1	1	c1	3	d1	e2
2	3	c2	3	d1	e2

附表 B.2.7 $\pi_{A,C}(S) \bowtie P$

A	C	D	E
2	c2	d3	e1
1	c1	d2	e1
1	c2	d2	e1

2. 关系运算式如下：

（1）$\pi_{民族}(学生)$

（2）$\sigma_{生日<'1995.01.01' \ AND \ 性别='女'}(学生)$

（3）$\pi_{姓名,性别,专业名称}(\sigma_{学院名称='信息学院'}(学院) \bowtie 专业 \bowtie 学生)$

（4）$\pi_{课程编号,课程名称,学分}(\sigma_{学院名称='信息学院'}(学院) \bowtie 课程)$

（5）$\pi_{姓名,课程名称,成绩}(学生 \bowtie \sigma_{成绩 \geqslant 85}(成绩) \bowtie 课程)$

3.（1）求所有员工的姓名、性别、职务和基本工资。

（2）求基本工资低于 1000 元的员工姓名、性别和生日。

（3）求 2012 年第 1 季度的销售清单。

（4）查询 2012 年 7 月张三销售的商品名、数量和金额。

（5）求 2012 年上半年每笔销售业务的商品名、型号、数量、金额以及员工姓名。

4. 这个关系模式中的函数依赖如下（不包括非平凡依赖）：

商品编号→（商品名，型号，生产厂家，厂家地址，单价）

生产厂家→厂家地址

客户编号→（客户名，地址，电话）

（商品编号，客户编号）→（购买日期，购买数量，金额）

其中，（商品编号，客户编号）可以决定所有属性，是主键，主属性包括"商品编号，客户编号"。由于存在非主属性对主键的部分和传递依赖，所以这个关系模式属于 1NF。

5. 通过投影分解，消去上述关系模式中存在的部分依赖和传递依赖，得到属于 3NF 的关系模式：商品（商品编名，型号，单价，厂家编号，厂家地址）

厂商（厂家编号，厂家，厂家地址）

客户（客户编号，客户名，地址，电话）

销售（购买日期，商品编号，客户编号，购买数量，金额）

2.2.5　综合设计题

1. E-R 模型如附图 B.2.1 所示。

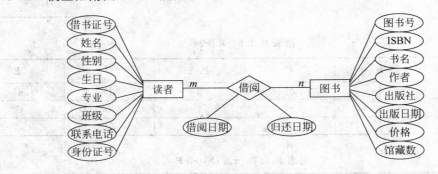

附图 B.2.1　借阅管理 E-R 图

根据 E-R 模型转换的关系模型如下：

读者（借书证号，姓名，性别，生日，专业，班级，联系电话，身份证号）

图书（图书编号，ISBN，书名，作者，出版社，出版日期，价格，馆藏数）

借阅（借阅日期，图书编号，借书证号，归还日期）

2. 学生教学管理的 E-R 图如附图 B.2.2 所示。

由 E-R 模型转换的关系模型是：

学院（学院编号，学院名称，院长，办公电话）

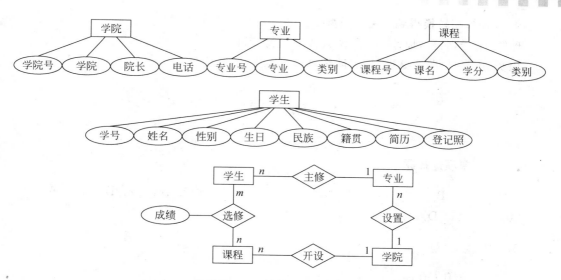

附图 B.2.2 教学管理 E-R 模型

专业(专业编号,专业名称,专业类别,学院编号)
学生(学号,姓名,性别,生日,民族,籍贯,专业编号,简历,登记照)
课程(课程编号,课程名称,学分,课程类别,学院编号)
成绩(学号,课程编号,成绩)

3. 增加教师数据的教学管理的 E-R 模型添加教师实体及相关联系,如附图 B.2.3 所示。

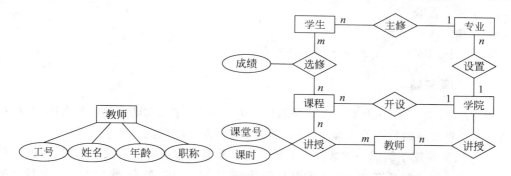

附图 B.2.3 包含教师数据的教学管理 E-R 模型

4. 足球联赛管理的 E-R 模型如附图 B.2.4 所示。

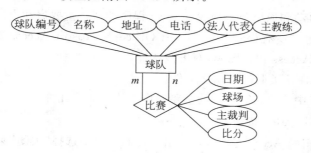

附图 B.2.4 教学管理 E-R 模型

由 E-R 模型转换得到的关系模型是：

球队（编号，名称，地址，电话，法人代表；主教练）

比赛（比赛日期，主队编号，客队编号，球场，主裁判，比分）

第 3 章

3.2.1　单项选择题

1. C　　2. B　　3. B　　4. D　　5. A　　6. D　　7. B　　8. D　　9. A
10. B　　11. D　　12. C

3.2.2　填空题

1. Microsoft Office

2. 6

3. 功能区　Backstage 视图　导航窗格

4. 新建命令

5. 文件　开始　创建　外部数据　数据库工具

6. 上下文命令选项卡

7. 表　查询　窗体　报表　宏　模块

8. 窗体　报表

9. 选项　Access 选项　常规

10. 文件　Backstage 视图　保存并发布

3.2.3　简答题

1. Access 是 Microsoft Office 套装软件中的一部分，主要功能是建立数据库，并在数据库基础上开发相应的数据处理程序，以实现信息管理系统的功能。

2. 导航窗格用于组织归类数据库对象。在打开数据库或创建新数据库时，数据库对象的名称将显示在导航窗格中。数据库对象包括表、查询、窗体、报表、宏和模块。是打开或更改数据库对象设计的主要入口。导航窗格取代了 Access 2007 之前 Access 版本中的数据库窗口。

3. Access 的启动和退出与其他 Windows 程序类似。主要启动方法有如下几种：

（1）选择"开始"｜"所有程序"｜Microsoft Office｜Microsoft Access 2010 命令。

（2）若桌面有 Access 快捷图标，双击该图标。

（3）双击与 Access 关联的数据库文件。

在 Access 窗口中，退出 Access 的主要操作方法有如下几种：

（1）单击窗口的"关闭"按钮 ⊠ 。

（2）单击左上角的 Access 图标，在弹出的控制菜单中选择"关闭"菜单项。

（3）选择"文件"选项卡单击，在 Backstage 视图中选择"退出"项。

（4）按 Alt＋F4 组合键。

4．使用 Access 建立数据库系统的一般步骤如下：

（1）进行数据库设计，完成数据库模型设计。

（2）创建数据库文件，作为整个数据库的容器和工作平台。

（3）建立表对象，以组织、存储数据。

（4）根据需要建立查询对象，完成数据的处理和再组织。

（5）根据需要设计创建窗体、报表，编写宏和模块的代码，实现输入、输出界面设计和复杂数据处理功能。

对一个具体系统的开发来说，以上步骤并非都必须要有，但数据库文件和表的创建是必不可少的。

5．数据库对象都是逻辑概念，而 Access 中数据和数据库对象以文件的形式存储，称为数据库文件，文件的扩展名是".accdb"（2007 之前的版本，数据库文件扩展名是".mdb"）。一个数据库保存在一个文件中。

6．创建 Access 数据库主要有两种基本方法：一是直接创建空数据库；二是使用模板，也就是通过数据库向导创建。

7．Access 2010 数据库包含 6 种对象，分别是表、查询、窗体、报表、宏和模块。

表和查询是关于数据组织、管理和表达的，而表是基础，因为数据通过表来组织和存储；查询则实现了数据的检索、运算处理和集成。窗体可查看、添加和更新表中数据。报表以特定版式分析或打印数据。窗体和报表实现了数据格式化的输入输出功能。宏和模块是 Access 数据库的较高级功能，实现对于数据的复杂操作和运算、处理。

8．数据库是数据集中存储的地方，对于数据库的完整性和安全性的管理非常重要。数据库备份，是将数据库文件在另外一个地方保存一份副本。当数据库由于故障或人为原因被破坏后，将副本恢复即可。由于数据库经常在变化，因此数据库备份不是一次性而是经常的和长期进行的。

备份最简单的方法是利用操作系统的文件复制功能。将数据库文件复制到另外一个地方存储。若当前数据库被破坏，再通过复制将备份文件恢复即可。

另外，通过 Access"文件"选项卡下的"备份数据库"项也可以备份数据库。

第 4 章

4.2.1　单项选择题

1．D　　2．A　　3．C　　4．B　　5．C　　6．A　　7．C　　8．C　　9．C
10．D　11．A　12．D　13．B　14．C　15．A　16．B　17．A　18．C

4.2.2　填空题

1．记录　字段

2．主键　主键（或候选键）和外键

3．取值范围　表达方式　运算方式

4.　－1　0

5.　"常规"　"查阅"

6.　主键　有效性规则　外键

7.　格式

8.　文本型　是/否型　数字型

9.　8

10.　L　0

11.　表属性　有效性规则

12.　有重复索引　无重复索引

13.　数据表视图　字段模板　Access 内置的表模板　通过导入和链接外部数据

14.　一对一　一对多

15.　级联更新相关字段

16.　实施参照完整性

17.　＋　－

18.　"开始"　"排序和筛选"　"升序"

4.2.3　简答题

1. 表由行和列组成。行称为记录，列称为字段。每个字段有字段名，在一个表内不允许重复。每个字段都有一个确定的数据类型。在表中，可以指定一个或几个字段作为标识每条记录的标志，称为主键。如果与其他表有关系，引用其他表主键的字段称为外键。

2. 数据处理时每个数据都有一个明确的类型。数据类型规定了每一类数据的取值范围、表达方式和运算种类。Access 事先规定了多种不同的类型，如文本型、数字型、货币型、日期时间型、是/否型等。

如文本型常量"Hello, World!"，数字型常量 120.536、1.34e－9 等，日期时间型常量 ♯2008-08-08 20：08♯。

3. Access 数据库中有通过设计视图、数据表视图、字段模板、Access 内置的表模板和导入表或链接外部数据的方法创建表。

通过设计视图创建表，是最全面和最重要的设计方法，由用户在设计视图中设置所有字段以及字段的类型和属性，设置主键、索引，设置各种约束。

数据表视图是以行列格式显示来自表或查询的数据的窗口。本方法是直接进入表的数据表视图输入数据，然后根据数据的特点来设置调整各字段的类型。这种方法适合已有完整数据的表的创建。

使用字段模板创建表是在上述数据表视图创建表的过程中，可以应用 Access 新增的字段模板，在添加字段的同时，对字段的数据类型等做进一步的设置。

Access 内置了一些表的模板，若用户要创建的表与某个模板接近，可先通过模板直接创建，然后再修改调整。

导入表是将一个其他系统内的数据集合导入到本数据库中，可以实现不同系统的数据转换与共享。但导入后产生的表与数据源就不再有关联。

链接表事实上是在本数据库中增加一个指向其他系统数据源的链接，可以通过链接使用数据源的数据,但不会在本数据库中保存联接表的数据。如果数据源的数据发生更改,在本数据库操作时也可以自动保持同步。

此外,也可以使用 SQL 命令创建表。设计视图可以实现 SQL 命令的所有功能。

4. 主键是表中用来标识和区分每一条记录的一个字段或几个字段的组合。主键不允许取空值,一个表中的所有主键的取值不允许重复。主键起标识记录的作用,实现了实体完整性的功能。另外,主键也是通过关系实现的参照完整性中被引用的一方。

5. 两个表的数据发生引用和被引用的情况就是关系。被引用一方的表是父表,被引用字段一般是主键(也可以是建立了唯一性索引的字段,即候选键),引用的一方是子表。

实施参照完整性的含义是指当子表插入记录时,Access 会检验外键值是否具有对应的主键值,若不存在,则不允许插入。

级联修改是指当修改父表主键数据时会同时修改子表中对应的外键值。

级联删除是指当删除父表主键数据时会同时删除子表中对应外键值所在的记录。

6. 数据完整性是关系模型的要素之一。数据完整性用于保证存放在数据库中的数据符合完整性约束条件的规定,以保证数据的正确性和一致性。

Access 数据库中有四种数据完整性,即实体完整性、参照完整性、域完整性和用户定义的完整性。通过设置主键实现实体完整性,通过定义表之间的关系实现参照完整性,通过指定字段的数据类型、是否允许取空值、建立索引、指定默认值、指定输入掩码等实现域完整性、设置有效性规则等多种方式实现用户定义的完整性。

7. 它们都是通过逻辑表达式来实现用户定义的完整性。字段属性中的"有效性规则"只能定义与本字段有关的逻辑表达式,不能引用其他字段。而表"属性"对话框中的"有效性规则"可以使用表中所有字段,因此表"属性"对话框中的"有效性规则"适用性更广泛。

8. "索引"是一个字段属性。索引是对于表中记录按照指定的索引字段重新组织逻辑顺序的方法。当一个表中建立了索引,Access 就会将索引信息保存在数据库文件中专门的位置。一个表可以定义多个索引。索引中保存每个索引的名称、定义索引的字段项和各索引字段所在的对应记录编号。索引本身在保存时会按照索引项值从小到大即升序(Ascending)或从大到小即降序(Descending)的顺序排列,但索引并不改变表记录的存储顺序。

给字段定义索引有两个基本作用:第一是利用索引可以实现一些特定的功能,如主键就是一个索引;第二是建立索引可以明显提高查询效率,更快地处理数据。

9. "输入掩码"是一个字段属性,可以定义"输入掩码"的字段类型有"文本"、"数字"、"货币"、"日期/时间"、"是/否"、"超链接"等。输入掩码本身是一个字符串。"输入掩码"属性最多由三部分组成,各部分之间用分号分隔。第一部分定义数据的输入格式。第二部分定义是否按显示方式在表中存储数据。若设置为 0,则按显示方式存储;若设置为 1 或将第二部分空缺,则只存储输入的数据。第三部分定义一个占位符以显示数据输入的位置。定义"输入掩码"属性有以下两个作用:

(1) 定义数据的输入格式。

(2) 输入数据的某一位上允许输入的数据类型。

10. 父子表是建立了关系的两个表,其中被引用的表称为父表,外键所在的表称为子表。当在数据表视图中显示父表数据时,单击父表记录前的展开指示器(＋)就可以看到该记录关联的子表信息。展开之后,展开指示器变成折叠指示器(－)。有多个子表时需要选择查看的子表。多层主子表可逐层展开。

11. 域是指表中每一列的取值范围。域完整性规则是指对表中单个字段取值范围定义的约束。

在数据库定义时,域对应数据类型的概念。域约束的方法包括：定义数据类型、指定是否允许取空值、是否允许重复取值、是否有默认值等。

4.2.4　设计操作题

1. 数据库文件保存在“E：\教学管理\”文件夹中,数据库文件名：教学管理.accdb。

表包括：学院、专业、学生、课程、成绩单。对应表结构如附表 B.4.1～附表 B.4.5所示。

附表 B.4.1　学院

字段名	类型	宽度	小数	主键/索引	参照表	约束	Null 值
学院编号	文本型	2		↑（主）			
学院名称	文本型	16					
院长	文本型	8					√
办公电话	文本型	20					√

附表 B.4.2　专业

字段名	类型	宽度	小数	主键/索引	参照表	约束	Null 值
专业编号	文本型	4		↑（主）			
专业名称	文本型	16					
专业类别	文本型	8		↑			
学院编号	文本型	2			学院		

附表 B.4.3　学生

字段名	类型	宽度	小数	主键/索引	参照表	约束	Null 值
学号	文本型	8		↑（主）			
姓名	文本型	8					
性别	文本型	2				男或女	
生日	日期型						
民族	文本型	10		↑			
籍贯	文本型	20					
专业编号	文本型	4			专业		√
简历	备注型						√
登记照	OLE 对象						√

附表 B.4.4　课程

字段名	类型	宽度	小数	主键/索引	参照表	约束	Null 值
课程编号	文本型	8		↑（主）			
课程名称	文本型	24					
课程类别	文本型	8					
学分	字节型						
学院编号	文本型	2			学院		

附表 B.4.5　成绩单

字段名	类型	宽度	小数	主键/索引	参照表	约束	Null 值
学号	文本型	8		↑	学生		
课程编号	文本型	8		↑	课程		
成绩	单精度		1			$>=0$ and $<=100$	√

2. 创建数据库,利用设计视图创建表及关系。

(1) 创建数据库文件。

在 E 盘上建立"教学管理"文件夹。

启动 Access 进入 Backstage 视图,单击"新建"按钮,单击"空数据库",在对话框中输入"E:\教学管理\教学管理"文件夹,然后在"文件名"框中输入"教学管理",单击"创建"按钮,数据库文件创建完毕。

(2) 定义数据库中各表。定义"学院"表的操作如下:

在数据库窗口的功能区中选择"创建"选项卡,单击"表设计"按钮,启动表"设计视图"。

根据事先设计好的结构,分别定义各字段名、字段属性。"学院编号"是文本型,大小为 2,单击"主键"按钮,定义为主键。"学院名称"是文本型,大小为 16,"必填字段"设置为"是"。"院长"为文本型,大小为 8,"电话"为文本型,大小为 20。

然后,单击工具栏"保存"按钮,弹出"另存为"对话框,输入"学院",单击"确定"按钮,表对象创建完成。

然后,根据设计依次建立"专业"表、"课程"表、"学生"表、"成绩单"表。

(3) 定义表的关系。

当所有表都定义好后,在功能区的"数据库工具"选项卡中选择"关系"按钮,弹出关系窗口,并同时出现"显示表"对话框,如附图 B.4.1 所示。依次选中各表,并单击"添加"按钮,将各表添加到关系窗口中。

选中"学院"表中的"学院编号"字段,并拖到"专业"表内的学院编号上,弹出"编辑关系"对话框,选中"实施参照完整性"复选框,如附图 B.4.2 所示。单击"创建"按钮,创建"专业"表和"学院"表之间的关系。

用类似方式建立"课程"和"学院"、"学生"和"专业"、"成绩"和"学生"及"课程"表之间的关系,得到整个数据库的关系,如附图 B.4.3 所示。

之后就可以输入表记录数据了。

附图 B.4.1 "显示表"对话框

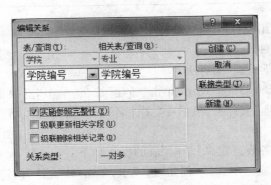

附图 B.4.2 定义表之间的关系

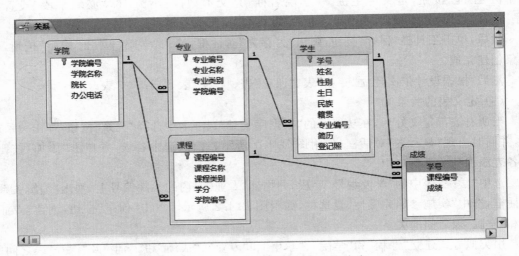

附图 B.4.3 定义数据库表之间的联系

第 5 章

5.2.1　单项选择题

1. C　　2. B　　3. D　　4. D　　5. B　　6. C　　7. D　　8. A　　9. C
10. C　　11. A　　12. D　　13. D　　14. C　　15. B　　16. B　　17. A　　18. C
19. A　　20. B　　21. A　　22. D

5.2.2　填空题

1. Structured Query Language　　关系型数据库
2. 数据定义　　数据操纵　　数据控制管理
3. 查询　插入　更新　删除
4. 独立使用　嵌入使用
5. 查询对象的定义　　查询的结果数据
6. [ ]
7. LEFT("奥林匹克运动会",1)＋MID("奥林匹克运动会",5,1)＋RIGHT("奥林匹克运动会",1)
8. [MZ] <> "汉" AND YEAR(DATE())－YEAR([SR])<18
9. 表/查询输入区　　设计网格
10. 字段　显示　排序
11. 行标题　列标题　交叉值
12. INTO
13. 内联接　左外联接　右外联接　笛卡儿积
14. 汇总
15. 属性表对话框　　唯一值属性　　上限值属性
16. PRIMARY KEY　REFERENCES
17. ORDER BY　ASC　DESC
18. GROUP BY　HAVING
19. LIKE　*　?
20. BETWEEN　AND　IS NULL

5.2.3　简答题

1. SQL具有完善的数据库处理功能,主要功能如下:
(1) 数据定义功能。SQL可以方便地完成对表及关系、索引、查询的定义和维护。
(2) 数据操作功能。操作功能包括数据插入、删除、修改和数据查询。
(3) 数据控制功能。SQL可以实现对数据库的安全性和完整性控制。
SQL的主要特点如下:
(1) 高度非过程化,是面向问题的语言。

（2）面向表,运算的对象和结果都是表。

（3）表达简洁,使用词汇少,便于学习。

（4）自主式和嵌入式的使用方式,方便灵活。

（5）功能完善和强大,集数据定义、数据操纵和数据控制功能于一身。

（6）所有关系数据库系统都支持,具有较好的可移植性。

2. Access 查询是在 Access 数据库中执行 SQL 操作。Access 查询对象是将一个 SQL 语句命名保存,在需要的时候通过运行查询对象来执行查询。

（1）查询对象可以隐藏数据库的复杂性。查询对象可以按照用户的要求对数据进行重新组织,用户眼中的数据库就是他所使用的查询对象。

（2）查询对象灵活、高效。基于 SELECT 语句查询可以实现种类繁多的查询表达,又像表一样使用,大大增加了应用的灵活程度。

（3）提高数据库的安全性。用户通过查询对象而不是表操作数据,而查询对象是"虚表",如果对查询对象设置必要的安全管理,就可以大大增加数据库的安全性。

查询对象的结果集与表的结构相同,查询对象与表都可以作为其他对象的数据源。但表对应于一个实际的数据集,而查询对象在数据库中仅保存查询的定义,而没有实际的数据集,对查询对象的操作最终都会转换为对表的操作,因此有些操作受到限制而不可以进行。查询对象可以将多个表的数据集成在一起,因此查询对象的使用极为灵活。

3. 表达式是由运算符和运算对象组成的实现运算的式子。运算对象包括常量、输入参数、表中的字段等,运算符包括一般运算和函数运算。

在计算机数据处理中,所有的数据运算事实上都是通过表达式完成的。

4. Access 中称为参数的概念实际上就是一个输入变量。在命令中,没有事先确定的值而需要在执行时输入的标识符就是参数。

简单的数值或文本参数可以直接在命令语句中用参数名称或方括号"[ ]"直接给出。对于其他类型的参数,在使用一个参数前用参数定义语句定义,其语法如下:

PARAMETERS <参数名> 数据类型

5. Distinct 子句用来去掉查询结果中重复的行。

Top 子句用来指定保留查询结果中出现在前面的若干行。

在选择查询中,选择功能区"属性表"按钮单击启动"属性表"对话框设置。Distinct 子句用"唯一值"属性设置,Top 子句用"上限值"属性设置。

6. LIKE 运算用来实现与匹配符的匹配运算。匹配符"?"表示该位置可匹配任何一个字符,"＊"表示该位置可匹配任意一个字符,"♯"表示该位置可匹配一个数字,方括号描述一个范围,用于确定可匹配的字符范围。LIKE 运算将字段与匹配对象比较,只要符合匹配的数据都满足查询要求。

7. HAVING 子句必须与 GROUP 子句联用,用于对分组统计的结果进行筛选。HAVING 子句中的"逻辑表达式"设置筛选的条件。只有满足筛选条件的结果才能输出。

8. 联接运算实现将多个表联接起来进行查询的功能。有笛卡儿积、内联接、左外联接、右外联接等几种类型的联接运算。

联接运算在 SELECT 语句中在 FROM 子句中设置。

两个表的笛卡儿积用逗号隔开即可。内联接运算的运算符是 INNER JOIN-ON；左外联接运算的运算符是 LEFT JOIN-ON；右外联接运算的运算符是 RIGHT JOIN-ON。

9．在 Access 中将"生成表查询、追加查询、删除查询、更新查询"都归结为动作查询（Action Query），因为这几种查询都会对数据库有所改动。这几种查询都与选择查询有关或者建立在选择查询之上。生成表查询对应 SELECT 语句中的 INTO 子句；追加查询对应 SQL 语言中的 INSERT 语句（格式 2）；删除查询对应 SQL 语言中的 DELETE 语句；更新查询对应 SQL 语言中的 UPDATE 语句。

10．交叉表查询是一种特殊的汇总查询。所谓交叉表，就是满足了以下特征的表，这样的表的内容可以通过另外一种方式来输出显示。可以看做交叉表的数据特征如下：

（1）表的列由三部分构成，前两部分代表两种不同类型的实体或对象，第三部分列的值是这两类对象发生联系产生的结果。

（2）若转换格式显示，前两部分列中，指定某一部分的列作为转换后的行标题，指定另外一部分是列标题。作为列标题的部分只能是一列。

（3）将指定的行标题和列标题字段作为分组字段，对第三部分进行汇总运算，然后应将汇总的结果作为"输出值"填写在行与列的交叉处。

如果一个查询的结果符合这些特征，就可以转换格式输出，这就是交叉表查询。

因此，交叉表事实上反映的就是对两种实体及其联系的关系表示，转换一种二维结构来表示。

11．对查询对象的修改，事实上是对查询对象所依赖的表的修改，这种修改要反映到表中。因此，可以对查询对象进行修改，前提是这种修改操作可以转换为对表的操作。

12．Access 拥有的特定查询包括"联合查询"、"传递查询"和"数据定义查询"。

数据定义查询用于表的创建和修改。对应 CREATE、ALTER、DROP 语句。

5.2.4　设计操作题

1．在数据库窗口，选择"创建"|"查询设计"按钮，进入查询设计视图，关闭"显示表"对话框，单击"数据定义"按钮，进入 SQL 视图。依次输入以下命令并执行。每执行完一条命令就清空窗口。

```
CREATE TABLE 学院
(学院编号 TEXT(2) PRIMARY KEY,
 学院名称 TEXT(16) NOT NULL,
 院长 TEXT(8),
 办公电话 TEXT(20) );
CREATE TABLE 专业
(专业编号 TEXT(4) PRIMARY KEY,
 专业名称 TEXT(16) NOT NULL,
 专业类别 TEXT(8),
 学院编号 TEXT(2) REFERENCES 学院(学院编号));
CREATE TABLE 学生
(学号 TEXT(8) PRIMARY KEY,
 姓名 TEXT(8) NOT NULL,
 性别 TEXT(2) NOT NULL,
 生日 DATE NOT NULL,
```

```
民族 TEXT(10) NOT NULL,
籍贯 TEXT(20),
专业编号 TEXT(4) REFERENCES 专业(专业编号),
简历 MEMO,
登记照 OLEOBJECT);
CREATE TABLE 课程
(课程编号 TEXT(8) PRIMARY KEY,
课程名称 TEXT(24) NOT NULL,
课程类别 TEXT(8) NOT NULL,
学分 BYTE,
学院编号 TEXT(2) REFERENCES 学院(学院编号));
CREATE TABLE 成绩
(学号 TEXT(8) REFERENCES 学生(学号),
课程编号 TEXT(8) REFERENCES 课程(课程编号),
成绩 SINGLE);
```

2. 如插入一门课程的语句：

```
INSERT INTO 课程 VALUES("06020101","会计学原理","专业基础",3,"06");
```

注意,主键、外键等都必须满足数据完整性的要求。

3. 写出完成以下要求的 SQL 语句和操作。

(1) SELECT DISTINCT 课程类别
　　　FROM 课程;

(2) SELECT 姓名,生日,专业名称
　　　FROM 学生 INNER JOIN 专业 ON 学生.专业编号 = 专业.专业编号
　　　WHERE 籍贯 LIKE "湖北 *" AND 生日 <= #1995 - 1 - 1# ;

(3) SELECT 专业,学生. *
　　　FROM 专业 INNER JOIN 学生 ON 专业.专业编号 = 学生.专业编号
　　　WHERE 专业.专业名称 = "工商管理" AND 学生.性别 = "女";

(4) SELECT *
　　　FROM ((学院 INNER JOIN 专业 ON 学院.学院编号 = 专业.学院编号)
　　　　　INNER JOIN 学生 ON 专业.专业编号 = 学生.专业编号);

(5) SELECT 学生.学号,姓名,成绩
　　　FROM ((学生 INNER JOIN 成绩 ON 学生.学号 = 成绩.学号)
　　　　　INNER JOIN 课程 ON 成绩.课程编号 = 课程.课程编号)
　　　　　WHERE 课程名称 = "数据库及其应用" AND 成绩 >= 80 ;

(6) SELECT 学生.学号,姓名,AVG(成绩) AS 平均分
　　　　FROM 学生 INNER JOIN 成绩 ON 学生.学号 = 成绩.学号
　　　GROUP BY 学生.学号,姓名
　　　HAVING AVG(成绩) >= 80 ;

单击工具栏保存按钮,弹出"另存为"对话框,输入"优秀学生",单击"确定"按钮。

(7) SELECT 课程.学院编号,学院名称,COUNT(*),AVG(学分),SUM(学分)
　　　　FROM 学院 INNER JOIN 课程 ON 学院.学院编号 = 课程.学院编号
　　　GROUP BY 课程.学院编号,学院名称;

（8）SELECT 学生.学号,姓名,SUM(学分)
　　FROM ((学生 INNER JOIN 成绩 ON 学生.学号 = 成绩.学号)
　　　　INNER JOIN 课程 ON 成绩.课程编号 = 课程.课程编号)
　　GROUP BY　学生.学号,姓名
　　HAVING SUM(学分) > = 100;

（9）SELECT TOP 1 课程.课程编号,课程名称
　　　FROM 课程 INNER JOIN 成绩 ON 课程.课程编号 = 成绩.课程编号
　　GROUP BY 课程.课程编号,课程名称
　　　ORDER BY COUNT(*) DESC ;

（10）UPDATE 课程
　　　SET 学分 = 学分 + 1
　　WHERE 课程类别 = "实训"

（11）DELETE FROM 课程
　　　WHERE 课程类别 = "专业选修" AND 课程编号 NOT IN (SELECT 课程编号 FROM 成绩)

4. 通过查询设计视图,交互完成以下查询操作。

（1）选择"创建"|"查询设计"按钮单击启动查询设计视图,将"专业"表和"学生"表加入设计视图。在设计网格区"字段"栏选中"专业编号"和"专业名称"字段及显示栏,然后单击"汇总"按钮,增加"总计"栏。将"专业编号"和"专业名称"字段设置为"分组",然后选择"学生"表的"学号"字段,设置其为"计数",最后,在学号前面加上"人数:",作为查询后的列名。设计完成。

（2）启动选择查询设计视图,将"学生"、"成绩"和"课程"表加入设计视图。添加"学号"、"姓名"、"课程名称"、"成绩"字段。

选择"设计"选项卡中"交叉表"按钮单击,在设计网格中添加"总计"和"交叉表"栏。在"交叉表"栏设置"学号"、"姓名"作为行标题,"课程名称"作为列标题,"成绩"作为"值",在"总计"栏中设置"成绩"为"合计"。这样交叉表查询就设计完毕。运行查询,可以看到交叉表查询的效果。

（3）进入查询设计视图,添加"课程"表。单击"设计"选项卡"删除查询"按钮,设计栏目发生变化,出现"删除"栏。

在"字段"栏中添加"课程类别"、"课程编号",这时"删除"栏值默认为"Where"。

在"课程类别"的"条件"栏输入"专业选修"。

在"课程编号"的"条件"栏输入"NOT IN (SELECT 课程编号 FROM 成绩)"。

设计完毕。单击工具栏"运行"按钮,将删除数据。

第 6 章

6.2.1　单项选择题

1. C　　2. A　　3. D　　4. C　　5. D　　6. C　　7. C　　8. A
9. B　　10. A　　11. C　　12. B　　13. D　　14. C　　15. B　　16. A
17. A　　18. C　　19. B　　20. C　　21. D　　22. C　　23. D　　24. C

25．A　26．A　27．D　28．B　29．C

6.2.2　填空题

1．设计

2．接口

3．数据表视图

4．输入数据

5．独立标签　关联标签

6．"对齐"

7．表　查询对象

8．＝Year(Date())－Year([生日])

9．子窗体　数据表

10．属性

6.2.3　简答题

1．窗体的主要作用是作为用户使用数据库的交互界面。通过窗体，可以定制用户操作数据库的输入输出格式，便于用户对表或查询的数据进行显示、浏览、输入、修改和打印等操作；可用于控制应用程序；提供应用程序和数据库的信息显示与交互。

2．窗体由 5 个部分组成，每个部分称为一个"节"。包括：

窗体页眉：位于窗体顶部位置，一般用于设置窗体的标题、窗体使用说明，或打开相关窗体及执行其他任务的命令按钮等。

页面页眉：一般用来设置窗体在打印时的页头信息。例如，标题、字段标题等用户要在每一页上方显示的内容。

主体：是窗体中最主要的部分，通常用来显示记录数据，添加各种控件等。

页面页脚：在每一页的底部显示日期、页码或所需要的其他信息。

窗体页脚：位于窗体的底部，用于显示操作说明等信息。也可以设置命令按钮，以便执行必要的控制。

页面页眉和页面页脚中的内容只能在打印预览和打印时才能显示。

3．Access 的窗体类型包括：单页式窗体、多页式窗体、表格式窗体、数据表窗体、弹出式窗体、主/子窗体、数据透视表窗体、数据透视图窗体、图表窗体等。

4．Access 中提供了 6 种窗体视图：

(1) 设计视图。用于窗体的创建和修改。

(2) 窗体视图。是窗体运行时的显示方式。

(3) 数据表视图。以表的形式显示数据，与表对象的数据表视图基本相同。

(4) 数据透视表视图。用于创建数据透视表窗体。

(5) 数据透视图视图。用于创建数据透视图窗体。

(6) 布局视图。布局视图是新增的一种视图，与窗体视图中的显示外观非常相似，可以直观方式修改窗体。

5．在窗体中创建控件时，单击"控件"组的控件向导按钮，使其处于按下状态，选定控件按钮后,在窗体中建立控件时将弹出控件创建向导,可以按照向导的提示一步一步方便地设计控件。

6. 按住键盘上的 Shift 键,用鼠标选定所有要设置属性的控件,然后单击右键,在快捷菜单中选择"属性",打开"属性"对话框进行设置。

7. "标签"的"标题"属性用来表示"标签"中要显示的信息,"名称"属性是在宏或 VBA 代码中引用该控件时控件的名称。

8. 对象是构成程序的基本单元和运行实体。对象具有静态的外观特征和动态的行为。外观由它的各种属性来描述,行为则由它的事件和方法程序来表达。

类。类是对象的模板和抽象,对象是类的实例。对象是具体的,类是抽象的。

对象通过设置属性值来描绘它的外观和特征。属性值既可以在设计时通过属性对话框来设置,也可以在运行时通过程序语句设置或更改。

事件是指由用户操作或系统触发的一个特定操作。事件包括事件的触发和执行程序两方面。

9. 绑定型控件与数据源的字段结合在一起使用。修改控件值会更新绑定的字段值。

10. 计算型控件也是非绑定型控件,一般根据一个表达式来运算求值,不会更新表中字段的值,但可与含有数据源字段的表达式相关联。文本框常用作计算型控件。一般以"="作为计算公式的开始。

6.2.4　综合应用题

1. 操作步骤如下:

(1) 进入教学管理数据库窗口,单击"创建"选项卡的窗体组"窗体向导"按钮,弹出向导对话框。

(2) 选择"成绩"表。将所有字段选为"可用字段",单击"下一步"按钮。

(3) 选择"表格"布局方式,单击"下一步"按钮。

(4) 输入窗体名称"成绩",单击"完成"按钮。

2. 操作步骤如下:

(1) 在窗体对象窗口中选择"在设计视图中创建窗体",打开窗体的设计视图。

(2) 在窗体的"标题"属性框中输入"学生成绩",在"记录源"属性框中选择"学生"表。

(3) 在字段列表中选择"学号"、"姓名"、"性别"和"专业号"等字段,将其拖到窗体中,并调整好位置。

(4) 将第 1 题中已经建立好的"成绩"窗体拖到"学生成绩"窗体中,进行适当设置,这样就建立好一个主/子窗体。

(5) 保存设计好的窗体,设计完成。

第 7 章

7.2.1　单项选择题

1. A　　2. B　　3. D　　4. A　5. A　　6. C　　7. A　　8. C

9. D　　10. D　　11. B　　12. B　　13. D　　14. A　　15. C　　16. D

17. A　　18. B　　19. C

7.2.2　填空题

1. 分组　相等

2. 分页符

3. 文本框或计算控件

4. 纵栏式报表　表格式报表　图表报表　标签报表

5. 名称或 Name

6. 自动报表　空报表　报表标签向导　设计视图

7. 排序与分组

8. ＝

9. 线条和矩形

10. 窗体　报表

11. 报表页眉　页面页眉　组页眉　主体　组页脚　页面页脚　报表页脚

12. 4　字段　表达式　10

13. 零长度字符串　Null 值

14. 设计视图　打印预览视图　报表视图　布局视图

15. 表　查询　SELECT 命令

16. ＝"第"&[Page]&"页"

17. 页面页眉

18. 计算表达式　文本框

19. 组页眉/页脚

7.2.3　简答题

1. 报表是 Access 中以一定输出格式表现数据的对象。利用报表可以比较、汇总数据，可以分组、排序数据，可以设置输出信息的格式及外观，并将它们显示和打印出来。

2. 报表仅为显示或打印而设计，窗体是为在窗口中交互式操作或显示而设计的。在报表中不能通过设计工具中的控件来改变表中的数据，Access 不理会用户通过报表的输入。

创建报表时不能使用数据表视图。

3. 报表主要分为以下 4 种类型：纵栏式报表、表格式报表、图表报表和标签报表。

报表操作提供了 4 种视图："设计"视图、"打印预览"视图、"布局"视图和"报表"视图。

"设计"视图用于创建和编辑报表的结构；"打印预览"视图用于查看报表的页面数据输出形态；"布局"视图设置报表的布局；"报表"视图用于查看报表的内容。

4. 报表可以有 7 个节区，分别是报表页眉、报表页脚、页面页眉、页面页脚、主体节、组页眉和组页脚。

报表页眉中的任何内容都只能在报表的开始处，即报表的第一页打印一次。

页面页眉中的文字或控件一般输出显示在每页的顶端。通常，它是用来显示数据的列标题。在报表输出的首页，这些列标题是显示在报表页眉的下方。

组页眉节内主要安排文本框或其他类型控件显示分组字段等数据信息。打印输出时，"组页眉/组页脚"节内的数据仅在每组开始位置显示一次。

主体节用来处理每条记录，其字段数据均需通过文本框或其他控件(主要是复选框和绑定对象框)绑定显示。可以包含计算的字段数据。

组页脚节内主要安排文本框或其他类型控件显示分组统计数据。打印输出时，其数据显示在每组结束位置。

页面页脚一般包含页码或控制项的合计内容，数据显示安排在文本框和其他一些类型控件中。

报表页脚一般是在所有的主体和组页脚被输出完成后才会打印在报表的最后面。可以显示整个报表的计算汇总或者其他的统计数字信息。

5. 在 Access 中，提供了 4 种创建报表的方式："自动报表"、"空报表"、"报表向导"和"设计视图"。

由于报表向导可以为用户完成大部分的基本操作，因此加快了创建报表的过程。在使用报表向导时，它将提示有关信息并根据用户的回答来创建报表。在实际应用过程中，一般可以首先使用"自动报表"或"向导"功能快速创建报表结构，然后再在"设计视图"环境中对其外观、功能加以修缮，这样可以大大提高报表设计的效率。

6. 添加日期和时间的方法如下：

(1) 进入报表的"设计视图"。

(2) 单击"设计"选项卡"页眉/页脚"组"日期和时间"按钮，打开"日期和时间"对话框。

(3) 在对话框中选择是否显示日期、是否显示时间以及显示格式，单击"确定"按钮，则自动添加控件将所选日期时间放置到报表中。控件位置可以安排在报表的任何节。

此外，也可以在报表上添加一个文本框，通过设置其"控件源"属性为日期或时间的计算表达式(例如，＝Date()或＝Time()等)来显示日期与时间。

添加页码的方法如下：

(1) 进入报表的"设计视图"。

(2) 单击"设计"选项卡"页眉/页脚"组"页码"按钮，打开"页码"对话框。

(3) 在对话框中根据需要选择页码格式、位置和对齐方式。对齐方式有下列选项：

• 左：在左页边距添加文本框。

• 中：在左、右页边距的正中添加文本框。

• 右：在右页边距添加文本框。

• 内：在左、右页边距之间添加文本框，奇数页打印在左侧，偶数页打印在右侧。

• 外：在左、右页边距之间添加文本框，偶数页打印在左侧，奇数页打印在右侧。

(4) 如果要在第一页显示页码，选中"在第一页显示页码"复选框。

Access 使用表达式来创建页码。

7. 排序的方法如下：

(1) 在导航窗格的报表对象列表中选择相应的报表，打开其设计视图

(2) 单击"设计"选项卡内"分组与汇总"组中的"分组与排序"按钮，出现"分组、排序和汇总"面板。

(3) 单击"添加排序"按钮，在弹出的"排序依据"中选择排序字段及排序次序。如果需

要可以添加排序标签设置第二排序字段。以此类推，设置多个排序字段。当设置了多个排序字段时，先按第一排序字段值排列，字段值相同的情况下再按第二排序字段值排序记录，……

（4）单击工具栏上的"打印预览"按钮，可以对排序数据进行浏览。

（5）将设计的报表保存。

打开相应报表的设计视图之后，分组的方法如下：

（1）单击"设计"选项卡内"分组与汇总"组中的"分组与排序"按钮，出现"分组、排序和汇总"面板。

（2）在"分组、排序和汇总"面板中，单击"添加组"按钮，在"分组形式"中选择相应的字段作为分组字段。

（3）在分组字段行中，单击"更多"旁的三角按钮，出现属性设置面板。将"无页脚节"改为"有页脚节"。

选择"不将整个组放在同一页上"，则打印时"组页眉、主体、组页脚"不在同一页上；选择"将整个组放在同一页"上，则"组页眉、主体、组页脚"会打印在同一页上。

（4）设置完分组属性之后，会在报表中添加组页眉和组页脚两个节区，分别用分组字段名加页眉或者页脚来标识；将主体节内的分组字段移至组页眉节区。

（5）单击工具栏上的"打印预览"按钮，预览上述分组数据。

8．输出的数据通过设置绑定控件的控件源为计算表达式形式而实现的这些控件就称为"计算控件"。像页码的输出、分组统计数据的输出等都要用到计算控件。

9．我们可以使用系统提供的自动报表功能、报表的向导功能和空报表功能以及报表的设计视图这几种方式来创建报表。

10．使用自动报表创建报表虽然简单，但用户几乎无法做出任何选择。而使用报表向导虽然系统提供了很多可供选择的功能，但是对于复杂的报表来说还是不够的，因此对于使用自动报表或者报表向导创建的报表一般还会利用报表设计视图做一些进一步的编辑及美化的工作。

7.2.4　综合应用题

1．利用教学管理数据库中的"课程"表，使用自动报表功能创建纵栏式"课程信息表"报表。

2．利用教学管理数据库中的"学院"、"专业"和"学生"表，创建一个"学院学生信息"查询，然后使用报表设计视图功能创建"学院学生信息"纵栏式报表，并对各学院的学生进行分组统计人数。

第8章

8.2.1　单项选择题

1．D　　2．D　　3．B　　4．C　　5．D　　6．B　　7．C　　8．C
9．B　　10．D　　11．A　　12．A　　13．C　　14．C　　15．A　　16．C

17. B　　18. C

8.2.2　填空题

1. 操作　操作
2. 顺序
3. 真　假
4. 使操作自动进行
5. 相关参数
6. 宏组
7. 条件表达式
8. 事件属性值
9. OPENFORM
10. 宏组名.宏名
11. 触发　事件
12. 使计算机发出"嘟嘟"声　显示信息的消息框
13. Visual Basic for Application
14. Sub Function
15. Dim-As
16. 局部变量　模块变量　全局变量
17. Private　Public　Global
18. Type/Type End
19. 分支结构　循环结构
20. 输入数据对话框　Msgbox
21. Double
22. 条件表达式
23. −1　0

8.2.3　简答题

1. 宏是能被自动执行的一个或一些操作的集合。可以通过创建宏将某几个操作组合起来,按照顺序来执行,从而完成某个特定的任务。

2. 宏分为操作序列宏、宏组和条件宏。宏只有一种视图。

3. 宏是能被自动执行的一个或一些操作的集合。通过创建宏将某几个操作组合起来,按照顺序来执行,从而完成某个特定的任务。

宏组是共同存储在一个宏名下相关宏的集合。对于宏组来说,并不是顺序地执行每一个宏,宏组中的每一个宏都是相互独立的,而且单独执行。宏组只是对宏的一种组织方式,宏组不可执行。

4. 运行宏的方法有很多种,可以直接运行宏,也可以通过窗体、报表和控件中的事件触发宏。

5. 使用设计好的计算机语言,用一系列命令将一个问题的计算和处理过程表达出来,这就是程序,编写程序的过程就是程序设计。

目前主要的程序设计方法有面向过程的结构化程序设计方法和面向对象的程序设计方法。

6. 常量指在程序运行过程中固定不变的量,用来表示一个具体的、不变的值。常量可以分为直接常量、符号常量和固有常量三种。

7. 在程序运行的过程中允许其值变化的量称为变量。在使用变量之前应该先用 Dim 语句声明该变量的变量名和数据类型,接下来就可以用"＝"为变量赋值。

8. 数组是内存中连续的一片存储区域,是按一定顺序排列的一组内存变量,它们共用一个数组名。数组中的任何一个变量称为一个数组元素,数组元素由数组名和该元素在数组中的位置序号组成。

9. 函数包含函数名、参数和函数值三个要素。函数名是函数的标识,说明函数的功能。参数是自变量或函数运算的相关信息,一般写在函数名后的括号中,也可以没有参数。函数值是函数返回的值,函数的功能决定了函数的返回值。

10. 结构化程序设计在一个过程内使用三种基本结构：顺序结构、分支结构、循环结构。顺序结构是程序中最基本的结构,按照命令语句的书写顺序依次执行。分支结构经常需要对事务做出一定的判断,并根据判断的结果采取不同的行为。在程序中,如果有一部分程序代码被反复执行则具有这种特征的程序结构称为循环结构。

11. 对于事先已经知道循环的次数时,往往使用 For 语句。在 For 语句中,循环变量首先被赋初值。当循环变量的值在初值和终值表示的数值区间内时,则执行 For 语句后的语句序列。每执行完一次循环体,循环变量自动增加一个步长。步长值可以为正数,也可以为负数,若缺省,则默认为 1。

如果一个循环无法知道其循环次数,则可使用 Do…Loop 语句。对于 Do While 语句,当条件的值为 True 或非 0 的数值时,则执行 Do While 之后的循环体。否则,跳出循环体执行 Loop 之后的语句。每执行一次循环,程序都自动返回到 Do While 语句,判断条件是否成立,根据结果决定是否执行循环体。为了避免死循环,循环体内应该有改变循环条件并最终使条件为假的语句。

12. 可用 Call 语句或"过程名［实参］"形式调用过程,可将实参中的内容传递给对应的形参,然后执行该过程。

函数调用不能使用 Call 语句。可以在表达式中调用函数,可以将函数值赋给变量。

13. 参数传递的方式有两种：传址方式和传值方式。

传址方式是指、在传递参数时,调用者将实际参数在内存中的地址传递给被调用过程或函数。即实际参数与形式参数在内存中共享同一个地址。传值方式是指调用者在传递参数时将实际参数的值传递给形式参数,传递完毕后,实际参数与形式参数不再有任何关系。

14. 在面向对象程序设计中,对象是构成程序的基本单元和运行实体。对象的外观由它的各种属性值来描述,对象的行为则由它的事件和方法程序来表达。对象属性通过"对象名.属性名"方式引用。

15. 对象的属性是用来描述对象的静态特征。对象的方法是对象能够执行的动作,是系统已经编制好的通用过程,用户能通过方法名引用它。

8.2.4　综合题

1. 操作步骤如下：

（1）创建"学生信息查询"窗体

① 在"创建"选项卡中单击"窗体向导"按钮，以"学生"表作为数据源，选择所有可用字段，将窗体布局设定为"表格"，指定窗体标题为"学生信息查询"，同时选择"修改窗体设计"单选按钮，打开窗体设计视图。

② 对设计视图中的"窗体页眉"区的标题"学生信息查询"属性进行一定的修改，使其美观醒目。

③ 在主体区添加一个组合框控件。打开组合框属性窗口，将其"名称"属性设为ComboType，"行来源类型"设置为"值列表"，在"行来源"中输入""学号";"姓名""。相关的标签的标题属性为"请选择查询项"。

④ 添加一个非绑定文本框，修改"名称"属性为TextContent，相关的标签的"标题"属性设为"请输入查询内容"。

⑤ 添加一个命令按钮，按钮上显示的文字为"查询"，"名称"属性为"cmd查询"。

（2）创建宏"查询学生信息"

① 在"创建"选项卡中单击"宏"按钮，打开宏设计窗口。

② 在"添加新操作"列表中选择"if"操作。

③ 在"if"行右侧单击调用生成器按钮 ⚒ ，打开"表达式生成器"对话框。

④ 在"表达式生成器"对话框的表达式元素区域，展开的Forms树状结构中，选择"加载的窗体"，进一步展开"所有窗体"，单击"学生信息查询"窗体。这时，在相邻的表达式类别列表框中显示被选中的窗体所包含的控件，双击ComboType。在"表达式生成器"对话框上部的文本框中出现"Forms!［学生信息查询]![ComboType]"，在其后输入"＝"学号""，完成表达式的建立，单击"确定"按钮后，该表达式出现在第一行的"条件"列中。接下来在Then下面的"添加新操作"列表中选择ApplyFilter，其参数"当条件＝"后面表达式为：［学生]![学号]=[Forms]![学生信息查询]![TextContent]。

⑤ 使用相同的方法，设置宏的第二个if操作的条件为：[Forms]![学生信息查询]![ComboType]＝"姓名"，Then后面的宏操作为ApplyFilter，其参数"当条件＝"为：［学生]![姓名]=[Forms]![学生信息查询]![TextContent]。

⑥ 保存宏，将其命名为"查询学生信息"。

（3）将宏"查询图书"与窗体中的按钮联接

① 重新打开"学生信息查询"窗体设计视图。

② 选择命令按钮"查询"，右键单击工具栏中的"属性"按钮，打开其属性窗口。设置按钮的"单击"事件为运行宏"查询学生信息"，此时，运行"学生信息查询"窗体，可以根据指定的查询类型和查询内容筛选出符合条件的学生记录。

2. 将用户输入的英文字符串放在变量中，然后依次取出一个字符进行判断，如果是大写字母，则转换为小写；如果是小写字母，则转换为大写。将转换后的字符放在另外的变量中，直到将原字符串取完为止。

```
Dim S1 As String
```

```
Dim S2 As String
Dim S3 As String
Dim Flag As Boolean
Flag = True                                  'Flag 作为取出的字符是否为英文字母的标志
S1 = InputBox("请输入一串英文字符:")          'S1 中放用户的输入
S2 = ""                                      'S2 中放结果,先置空
S3 = ""                                      'S3 中放取出的字符,先置空
Do While Len(S1) > 0
    S3 = Left(S1, 1)                         'S3 中放 S1 中的第一个字符
    Select Case Asc(S3)
    Case 65 To 90                            '如果 S3 是大写字母
        S3 = LCase(S3)
    Case 97 To 122                           '如果 S3 是小写字母
        S3 = UCase(S3)
    Case Else                                '如果 S3 是非英文字符
        MsgBox "输入错误!", vbCritical, "错误"
        Flag = False                         'Flag 为 False,表示不是英文字符
        Exit Do
    End Select
    S2 = S2 + S3                             '将转换后的字母进行累加
    S1 = Mid(S1, 2)                          '保留 S1 中剩余的字符
Loop
    If Flag Then
    MsgBox "转换后的字符串是:" + S2
    End If
```

3. 其设计操作步骤如下：

（1）创建一个窗体，包含三个文本框（Text1、Text2 和 Text3）和一个命令按钮（Command0）。

（2）通过"属性"对话框分别将文本标签的标题改为"请输入矩形的长"、"请输入矩形的宽"和"面积"，将 Command0 命令按钮的标题改为"确定"。

（3）选中命令按钮 Command0，单击右键，在弹出的快捷菜单中选择"事件生成器"。然后在"选择生成器"对话框中选择"代码生成器"，启动"代码窗口"。

（4）在 VBE 代码窗口中，系统生成 Command0 的 Click 事件过程。设置代码如下：

```
Private Sub Command0_Click()
    Dim a As Single, b As Single, s As Single
    a = Val(Me!Text1)
    b = Val(Me!Text2)
    S = 0
    If (a <= 0 or b <= 0) Then
            MsgBox "长和宽必须都大于 0!"
    Else
            Area a, b, S
    End If
    Me!Text3 = S
End Sub

Public Sub Area(x As Single, y As Single, z As Single)
```

```
        z = x * y
End Sub
```

第9章

9.2.1 单项选择题

1. C　　2. A　　3. D　　4. D　　5. D　　6. C　　7. D

9.2.2 填空题

1. C/S　B/S
2. 客户端　服务器
3. Web 服务器　数据库服务器
4. World Wide Web
5. 超文本标识语言　标准语言
6. 文件头　文件体
7. 主页　index. html(index. htm)
8. 静态网页　动态网页　客户端动态网页
9. head　body
10. HTML 标记　Active 组件
11. 编程语言　客户端脚本语言
12. 解析性
13. VBScript　JavaScript
14. Open DataBase Connectivity
15. Recordset　Command
16. 使用 DSN 联接　通过 OLE DB 的方式联接

9.2.3 简答题

1. C/S 模式、B/S 模式的特点如下:

在 C/S 模式下,系统分为客户机部分和服务器部分。客户应用程序是系统中用户与数据进行交互的部件。服务器程序负责有效地管理系统资源,其主要工作是当多个客户并发地请求服务器上的相同资源时,对这些资源进行最优化管理。

在 B/S 模式中,系统组成元素有后台数据库、Web 服务器、客户端浏览器。客户端只需要安装和运行浏览器软件,而 Web 服务器软件和数据库管理系统在服务器端。当客户端发出浏览请求,第二层 Web 服务器会做出响应,并生成相应的 HTML 代码,嵌入处理结果,返回给客户机浏览器。如果客户端请求包含对数据的存取,则 Web 服务器还要进一步将这个请求转化为 SQL 语句,并交给数据库服务器,数据库服务器对请求做出响应,并将处理结果返回给 Web 服务器,Web 服务器进一步将得到的结果进行转化,变成 HTML 文档,发送给客户端浏览器。

2. Web 数据库的定义如下：Web 数据库是指在互联网中以 Web 查询接口方式访问的数据库资源，后台由数据库管理系统存储管理数据，响应 Web 服务器的数据请求并回复，并以 Web 页面形式返回给用户。

3. 静态网页、客户端动态网页和服务器端动态网页的含义及特点如下：

静态网页由 HTML 代码组成，内容明确而固定，并保存为 .htm 或 .html 格式。如果不修改，静态 Web 页将一直保持其内容不变。

客户端动态网页是可接收用户通过浏览器输入的信息，网页嵌入脚本程序，能够根据用户输入的数据，运行网页脚本程序后，将数据提交到服务器，服务器处理后，能够根据数据显示相关功能。

服务器端动态网页是指网页里包含在服务器上运行的脚本程序，网页在下载到客户端浏览器之前，先要在服务器上运行。

特点：动态 Web 技术引入程序逻辑，除能够对用户数据进行即时处理外，还能根据处理结果需要与数据库服务器发生交互，并把交互所得数据同样动态地写入到要返回客户端的网页文件中。

由此可见，服务器端技术是由动态网页文件和服务器程序两个部分组成的，这两个部分之间是相互配合、相辅相成的关系。动态网页负责记录存储动态数据，服务器程序则负责识别、解释和执行这些动态数据。

4. 三种服务器端技术的特点描述如下：

（1）ASP。ASP(Active Server Pages)是 Microsoft 开发的动态网页语言，只能运行于微软的服务器产品 IIS 上。ASP 是一个 Web 服务器端的开发环境，利用它可以产生和运行动态的、交互的、高性能的 Web 服务应用程序。特点如下：

① 使用 VBScript 等脚本语言，结合 HTML 代码，即可快速地完成网站的应用程序。

② 无须编译，容易编写，在服务器端直接执行。

③ 使用普通的文本编辑器，即可进行编辑设计。

④ 与任何脚本语言相容。

（2）PHP。PHP 是一种跨平台的服务器端的嵌入式脚本语言，是一种在服务器端执行的嵌入 HTML 文档的脚本语言，类似于 C 语言，支持目前绝大多数数据库。PHP 完全免费，可以从 PHP 官方站点（http://www.php.net）自由下载。特点如下：

① 数据库联接 ：PHP 可以具有标准的数据库接口，可联接多种类型的数据库文件。

② 面向对象编程：PHP 提供了类和对象。

③ PHP3 可在 Windows、UNIX、Linux 的 Web 服务器上正常运行。

（3）JSP。是在传统的网页 HTML 文件中插入 Java 程序段和 JSP 标记，从而形成 JSP 文件(* .jsp)。

三者都提供在 HTML 代码中混合某种程序代码、由语言引擎解释执行程序代码的能力。但 JSP 代码被编译成 Servlet 并由 Java 虚拟机解释执行，这种编译操作仅在对 JSP 页面的第一次请求时发生。在 ASP 、PHP、JSP 环境下，HTML 代码主要负责描述信息的显示样式，而程序代码则用来描述处理逻辑。普通的 HTML 页面只依赖于 Web 服务器，而 ASP 、PHP、JSP 页面需要附加的语言引擎分析和执行程序代码。

5. 基于 Web 的数据库开发模式 AIA 的基本工作原理如下：

需要的开发环境和工具是浏览器、Web 服务器 IIS 和 Access 数据库,并且数据库要支持对于数据库的联接访问,这种技术是 ADO,AIA 的工作原理如附图 B.9.1 所示。

附图 B.9.1 AIA 的工作原理

浏览器(前台)提交的数据通过动态网页 ASP 技术提交到 IIS,IIS 根据需要访问 Access 数据库,并将结果按 ASP 网页的要求处理后,回传应答的结果到浏览器。

6. 在 ASP 中应用 ADO 访问 Access 数据库,可采用三种联接方法。

(1) 使用 ODBC 管理的驱动程序联接。

(2) 使用 DSN 联接。

(3) 通过 OLE DB 的方式联接。

7. 查询清华大学出版社联系人的姓名。

```
<html>
  <head>
    <title>图书销售系统 -- 显示清华大学出版社联系人姓名</title>
  </head>
<body>
  <H2 align = "center">以下是清华大学出版社的联系人姓名</H2>
  <p align = "center">
  <br>
    <%
      DbPath = Server.MapPath("图书销售.accdb")      <! -- 图书销售.accdb 为库名 -->
      set conn = server.createobject("Adodb.connection")  <! -- 建立名为 conn 的 connection
对象 -->
      conn.open "driver = {Microsoft Access Driver ( * .accdb)};dbq = " & DbPath
                                   <! -- 调用 connection 对象的 open 方法打开数据库 -->
      set rs = server.createobject("Adodb.recordset")
      sql = "select 联系人 from 出版社 where 出版社名称 = "清华大学出版社""
      rs.open sql,conn,1,1
      do while not rs.eof                      <! -- 开始记录的循环 -->
    %>
    <% = rs("联系人") %>                         <! -- "姓名"为表中的字段名 -->
    </br>
    <%
      rs.movenext                              <! -- 每条记录的字段的循环指针下移 -->
      Loop                                     <! -- 循环下一记录 -->
      rs.close
      set rs = nothing                         <! -- 关闭名为 rs 的 recordset 对象 -->
      conn.close
      set conn = nothing                       <! -- 关闭名为 conn 的 connection 对象 -->
    %>
    <br>
</body>
</html>
```

8. 在页面中显示"2007 年 7 月 1 日"以后的"售书细目"，包括售书日期、书名、数量、单价(折扣后)、总价(折扣后)、员工姓名。

```
<html>
  <head>
     <title>查询销售信息</title>
  </head>
  <body>
  <H2 align = "center">以下是符合要求的销售信息</H2>
  <p align = "center">
  <br>
     <%
       DbPath = Server.MapPath("图书销售.accdb")  <! -- 图书销售.accdb 为库名 -->
       set conn = server.createobject("Adodb.connection")     <! -- 建立名为 conn 的
connection 对象 -->
       conn.open "driver = {Microsoft Access Driver (*.accdb)};dbq = " & DbPath
                                <! -- 调用 connection 对象的 open 方法打开数据库 -->
       set rs = server.createobject("Adodb.recordset")
       sql = "SELECT 售书单.售书日期, 图书.图书名, 售书细目.数量, [定价]*[图书].[折扣] AS
折后单价, 员工.姓名, [定价]*[图书].[折扣]*[售书细目].[售价折价] AS 折后售价 FROM 员工
INNER JOIN (图书 INNER JOIN (售书单 INNER JOIN 售书细目 ON 售书单.售书单号 = 售书细目.售书
单号) ON 图书.图书编号 = 售书细目.图书编号) ON 员工.工号 = 售书单.工号 WHERE (((售书单.
售书日期)>#1/1/2007#))"
          rs.open sql,conn,1,1
     do while not rs.eof                        <! -- 开始记录的循环 -->
     %>
     <% = rs("联系人") %>                        <! -- "姓名"为表中的字段名 -->
     </br>
     <%
       rs.movenext                             <! -- 每条记录的字段的循环指针下移 -->
       Loop                                    <! -- 循环下一记录 -->
       rs.close
       set rs = nothing                        <! -- 关闭名为 rs 的 recordset 对象 -->
       conn.close
       set conn = nothing                      <! -- 关闭名为 conn 的 connection 对象 -->
     %>
     <br>
  </body>
</html>
```

9. (1) XML(可扩展标记语言)是标准通用标记语言的子集,用于标记电子文件使其具有结构性的标记语言,可以用来标记数据、定义数据类型,是一种允许用户对自己的标记语言进行定义的源语言。它非常适合 Web 传输,提供统一的方法来描述和交换独立于应用程序或供应商的结构化数据。

(2)首先在 Access 中创建一个查询,根据部门号相等将员工表和部门表联接起来,选中创建好的查询对象,在右键的弹出菜单中选择"导出"为"XML",然后根据窗口提示操作即可完成导出操作。

10. XML 的特点如下：

(1) 具有良好的格式，XML 中的标记一定是成对出现的。

(2) 具有验证机制。

(3) 灵活的 Web 应用。

(4) 丰富的显示样式。

(5) XML 是电子数据交换(EDI)的格式。

(6) 便捷的数据处理。

(7) 面向对象的特性。

(8) 开放的标准。

(9) 选择性更新。

(10) XML 是一个技术大家族。XML 是一套完整的方案，有一系列相关技术。

11. (1) XML 和 HTML 的联系

XML 和 HTML 既有共性，也相互区别。XML 不是对 HTML 的替代，而是对 HTML 的补充。在大多数 Web 应用程序中，XML 用于传输数据，而 HTML 用于格式化并显示数据。

(2) XML 和 HTML 的区别

① XML 与 HTML 设计的区别。XML 被设计为传输和存储数据，其焦点是数据的内容。而 HTML 被设计用来显示数据，其焦点是数据的外观。

② XML 和 HTML 语法的区别。HTML 的标记不是所有的都需要成对出现，XML 则要求所有的标记必须成对出现；HTML 标记不区分大小写，XML 对大小写是敏感的。

12. (1) 大数据(Big Data)或称巨量资料，指的是所涉及的资料量规模巨大到无法通过目前主流软件工具在合理时间内达到撷取、管理、处理、并整理成为帮助企业经营决策更积极目的的资讯。

(2) 大数据具备 4V 特征，即大量化(Volume)、多样化(Variety)、快速化(Velocity)和价值低密度化(Value)，这是"大数据"的显著特征。

(3) 大数据的应用领域有：大数据技术、大数据工程、大数据科学和大数据应用等；大数据应用中的主要难点有：容量问题、延迟问题、安全问题、成本问题、大数据对算法和计算平台的挑战加大，计算开销大增。总量上升，质量下降，这是大数据带来的重大挑战。

9.2.4 综合应用题

利用 ASP 编写动态网页访问 Access 2010 的实现过程如下：

(1) 在 ASP 文档中，使用 ADO 访问 Access 2010 数据库，首先要验证机器上是否安装了 Access 驱动程序。在"ODBC 数据源管理器"对话框中选择"驱动程序"选项卡，如果驱动程序中包含"Microsoft Access Driver(* . mdb, * . accdb)"，则表明 Access 驱动程序已安装。

(2) 在使用 ADO 时，需要先建立一个数据源。

(3) 数据源设置好了后，在 ASP 文档中使用 ADO 访问数据库的基本步骤如下：

① 定义 Connection 对象，然后建立该对象到数据库的联接。

② 定义 Recordset 对象，用来保存从数据库中传回的数据。该对象也可以隐含传送 SQL 命令到数据库服务器。

③ 如果需要传送 SQL 到数据库,可以定义 Command 对象。一般的 SQL 操作命令也可以通过 Recordset 对象的 OPEN 方法传递。

④ 访问完毕后,关闭并撤销网页文件到数据库的联接。

第 10 章

10.2.1　单项选择题

1. B　　2. C　　3. D　　4. A　　5. D

10.2.2　填空题

1. 信任中心
2. 禁用
3. 数字证书
4. 各个数据表　查询　窗体　报表

10.2.3　简答题

1. 有几个 Access 组件会造成安全风险,因此不受信任的数据库中将禁用这些组件。这些组件包括:动作查询(用于插入、删除或更改数据的查询)、宏、一些表达式(返回单个值的函数)、VBA 代码。

2. 数字证书建立在公钥加密体制之上。在公钥密码体制下,每个密码有两个密钥,即公钥和私钥。其中公钥用于加密,私用用于解密。也可以用私钥来进行签名,用公钥来验证。数字证书就是用户的公钥的载体,用于验证用户对文件的签名。

3. Access 没有直接修改密码的操作界面,因此,如果要修改密码,用户必须先撤销密码,然后重新设置新的密码。撤销密码的方法是:以独占方式打开数据库,然后依次单击"文件"|"信息"|"解密数据库"按钮,在弹出的对话框中操作。

4. 在拆分数据库之前,请考虑下列事项:

(1) 拆分数据库之前,始终都应先备份数据库。这样,如果在拆分数据库后决定撤销该操作,则可以使用备份副本还原原始数据库。

(2) 拆分数据库可能需要很长时间。拆分数据库时,应该通知用户不要使用该数据库。如果用户在拆分数据库时更改了数据,其所做的更改将不会反映在后端数据库中。这种情况下可以在拆分完毕后再将新数据导入到后端数据库中。

(3) 虽然拆分数据库是一种共享数据的途径,但数据库的每个用户都必须具有与后端数据库文件格式兼容的 Microsoft Office Access 版本。例如,如果后端数据库文件使用 .accdb 文件格式,则使用 Access 2003 的用户将无法访问它的数据。

(4) 如果使用了不再受支持的功能,则可能需要让后端数据库使用早期的 Access 文件格式。例如,如果使用了数据访问页(DAP),则可以在后端数据库使用支持 DAP 的早期文件格式时继续使用数据访问页。随后,用户可以让前端数据库采用新的文件格式,以便用户可以体验到新格式的优点。

第 11 章

11.2.1　单项选择题

1. D　　2. D　　3. D　　4. B　　5. A　　6. B　　7. B　　8. C　　9. C

11.2.2　填空题

1. 列表　库　Web 部件　视图
2. 导入表　链接表
3. Access 数据表
4. 导入错误
5. 导入　导出
6. 只读
7. 从左指向右的箭头　文件名
8. 链接表管理器
9. "带分隔符"和"固定宽度"
10. 重命名表
11. 没有
12. 自动更新引用
13. 自动更新
14. 添加序号
15. 独占

11.2.3　简答题

1. 使用 Access 2010 可以通过多种不同的方式通过 SharePoint 网站共享、管理和更新数据。如使用数据库迁移、数据库发布等方法。

　　将数据库从 Access 迁移到 SharePoint 网站时,用户将在 SharePoint 网站上创建列表,它们保持与数据库中的表的链接关系。迁移数据库时,Access 将创建一个新的前端应用程序,其中包含所有旧的窗体和报表,以及刚导出的新的链接表。"迁移到 SharePoint 网站向导"将帮助用户同时迁移所有表中的数据。

　　数据库的发布是指用户可以在 SharePoint 服务器上的库中存储用户数据库的副本,并使用 Access 中的窗体和报表继续在该数据库中进行工作。可以像链接数据库中的表那样链接列表,然后可创建窗体、查询和报表以使用数据。在首次将数据库发布到服务器时,Access 将提供一个 Web 服务器列表,该列表使得导航到要发布到的位置(例如文档库)更加容易。发布数据库之后,Access 将记住该位置,这样当用户要发布更改时,就无须再次查找该服务器。在将数据库发布到 SharePoint 网站之后,有权使用该 SharePoint 网站的用户都可以使用该数据库。

　　2. 凡是不在当前 Access 数据库中存储,而是在其他数据库或程序中的数据就称为外部数据。

在 Access 中使用外部数据的主要方法有"导入"和"链接"。

3. 链接是在 Access 中以数据的当前文件格式（即保持原文件格式不变）使用外部数据。导入是对外部数据制作一个副本，并将副本移动到 Access 中使用。

运用链接方式使用其他应用程序中的数据，并和其他应用程序共享数据文件。这种方式下，Access 可以使用和修改其他程序中建立的数据文件（如 Excel 表中的数据），而不改变原有数据文件的存储格式。使用链接方式的最大缺点是不能运用 Access 进行表之间的参照完整性（除非链接的就是 Access 数据库）这一强大的数据库功能。用户只能设置非常有限的字段属性，不能对导入表添加基于表的规则，也不能指定主键等操作。

Access 的数据导入功能能够将外部数据源从物理上放进一个新的 Access 表中。Access 在导入时，自动把数据从外部数据源的格式转换为 Access 数据表的格式，并复制到 Access 中，以后使用这些数据就在 Access 中使用。导入的数据被转换为 Access 表，所以，导入的数据可以对其修改结构、改变数据类型，改变字段名，设置字段属性，也可以对导入表加上基于表的规则，指定主键等操作。

4. Excel、Access、ODBC 数据库、文本文件、XML 文件等。

5. 可以从表、查询、窗体或报表对象中导出数据，但并非所有导出选项都适用于所有对象类型。

6. 对于链接的外部表，可以像使用当前表一样使用它。链接表可以用于窗体、报表和查询的构建，还可以改变它们的许多属性，如设定浏览属性、表之间的关系、对表重命名等。

但要注意，链接表真正的数据并不在当前数据库中，因而也有许多表的属性不能改变，如表结构的重定义、删除字段、添加字段等。

如果链接的外部表不存在或移动了位置，则当前数据库中就不能使用链接表了。

链接表管理器可以查看到外部链接表的链接信息，并对链接的外部数据源的移动等操作进行刷新管理。

7. 通常，在设计数据库的过程中需要将数据库中的表结构整理成文档，作为设计人员了解和分析数据库的材料。Access 可以帮助用户自动生成并打印数据库设计文档，并保存为 Word 文档，也可以在脱机参考和规划时使用这些文档。

在 Access 中打开要处理的数据库，单击"数据库工具"选项卡下"分析"组中的"数据库文档管理器"按钮，然后在弹出的"文档管理器"窗口中选中"表"标签，选择全部表对象，然后单击"确定"按钮，即可自动生成所有表格的结构信息，可将其打印，也可保存为 Word 文档。

8. 在日常办公过程中，可能需要根据数据表的信息来制作大量信函、信封或者准考证、成绩通知单、毕业证、工资条等，可借助 Word 提供的"邮件合并"功能完成这些任务。

使用"邮件合并"功能的文档通常都具备以下两个前提：

一是需要制作的数量比较大。

二是这些文档内容分为固定不变的内容和变化的内容，比如信封上的寄信人地址和邮政编码、信函中的落款等，这些都是固定不变的内容，而收信人的地址、邮编等就属于变化的内容。其中变化的部分由数据表中含有标题行的数据记录表表示。

9. Access 在产生链接时，并没有将被链接的文件转到当前数据库（MDB）文件中，而是通过"文件名和驱动器：路径"来维护链接。也就是说，当前数据库（MDB）文件中存放的是被链接对象的"文件名和驱动器：路径"，而用户一旦对外部文件的更名（不在当前数据库文件中）或移动表到新的位置，当前数据库是无法知道的，也就无法自动更新。所以要使用系统提供的"链接表管理器"手动地刷新文件名、驱动器、路径。

第 12 章

12.2.1　单项选择题

1．C　　2．B　　3．A　　4．A

12.2.2　填空题

1．删除
2．停止　警告　信息
3．停止
4．逻辑值
5．全部清除

12.2.3　简答题

1．Access 和 Excel 同属于 Microsoft Office 应用软件中的两个应用程序。

Access 数据库对数据的管理和存储结构化程度高，更多地是以数据管理为中心任务。而 Excel 相对于 Access 数据库的数据管理而言，对结构化存储方面要求就没有那么严格，而更多地是利用数学模型和数据方法对数据进行复杂的计算分析。

Access 数据库将数据存储于 Access 表中，Access 表又可以再存储到数据库文件中，并对数据库中的表进行关联。Excel 表存储于 Excel 工作簿中。

创建 Excel 表为"数据列表"或"数据清单"能很好地与数据库系统结合在一起，成为数据库表。

2．Excel 中数据的合并统计功能将多个工作表和数据合并计算存放到一个工作表中。Excel 中多表的合并计算时，多个工作表在相同的单元格或单元格区域的数据性质相同，每个工作表只是数据不同。

实现合并计算的基本操作步骤如下：

（1）在工作簿中添加一个工作表。可复制某个表的数据到该表，命名列标题，删除原汇总数据保留格式。

（2）选中用于汇总的单元格，选择"数据"|"数据工具"|"合并计算"命令，弹出"合并计算"对话框，在该对话框中进行设置。

（3）如果几个被合并的工作表不同，则不能采用按位置合并计算，而要采用按分类合并计算方法。

（4）在"合并计算"功能中，不仅可以计算"求和"，而且还可以合并计算"平均值"、"最大值"、"方差"等结果。

3．筛选数据列表是一个隐藏所有除了符合用户指定条件之外的行的过程。Excel 提供了两种筛选方法：自动筛选和高级筛选。

在使用高级筛选功能前，需要建立一个条件区域，一个在工作表中遵守特定要求的指定区域。此条件区域包括 Excel 使用筛选功能筛选出的信息。此区域限定如下：

- 至少由两行组成，在第一行中必须包含有数据列表中的一些或全部字段名称。当使用计算的条件时，计算条件可以使用空的标题行。
- 条件区域的另一行或若干行必须由筛选条件构成。

尽管条件区域可以在工作表中任意位置，但最好不要设置在数据列表的行中，通常可以选择条件区域设置在数据列表的上面或下面。

Excel 的高级筛选条件规则是：

- 如果筛选条件在同一行中，则同行中各条件之间是并运算，也就是说是 AND 关系。
- 如果筛选条件在不同行中，则不同行的各条件之间是或运算，也就是说是 OR 关系。

选择"数据"|"排序和筛选"|"高级"命令按钮，弹出"高级筛选"对话框，在该对话框中进行设置。

4. 市场调查是市场运作中重要的一个环节，在市场调查的基础上再通过频数分析得到数据的分布趋势，然后通过对调查数据的随机抽样，将抽样数据作为总体样本再进行相关分析，从而进一步了解调查指标间的相互关系。通过这一系列的分析处理，为产品或服务的开发提供有用的决策信息。

为完成这些工作，首先利用 Excel 来创建调查表，并向调查户发放，由调查户填写。用户将填写后的调查表回馈，调查者对回收的调查表汇总，形成汇总数据表。然后再对汇总表中的数据进行频数分析和抽样相关分析。

利用 Excel 的表单控件创建调查表；利用 Excel 的有关函数进行相关性分析。